Kompass Künstliche Intelligenz

Marcel Salathé

Kompass Künstliche Intelligenz

Ein Reiseführer durch eine Welt in verrückten Zeiten

WÖRTERSEH

Angaben zur EU-Verordnung über die allgemeine Produktsicherheit finden sich auf der letzten Seite dieses Buchs.

2. Auflage 2026

Lektorat/Korrektorat: Brigitte Matern
Umschlaggestaltung: Thomas Jarzina
Foto Umschlag: © Petra Schutzlé
Layout, Satz und Herstellung: Beate Simson
Druck und Bindung: CPI Books GmbH

Print ISBN 978-3-03763-168-3
E-Book ISBN 978-3-03763-867-5

www.woerterseh.ch

Für meine Familie, in Dankbarkeit und Liebe.

Dieses Buch ist meinen Kindern gewidmet.
Was auch immer man euch sagt:
Die besten Zeiten kommen erst noch.
Lasst euch niemals etwas anderes einreden.

Inhaltsverzeichnis

Vorwort

Es ist morgens, 6:15 Uhr. Mein iPhone spielt den Song »Walt Grace's Submarine Test, January 1967« von John Mayer. Während eine leichte Trompetenmelodie in eine sanfte Gitarrenbegleitung übergeht, reibe ich mir verschlafen die Augen. Eine Minute später singt John »Cause when you're done with this world, you know the next is up to you« – oder auf Deutsch: Sobald diese Welt vorbei ist, entscheidest du selbst über die nächste. Zu diesem Zeitpunkt starre ich bereits mein verschlafenes Gesicht im Badezimmerspiegel an und frage mich, was heute wohl auf uns zukommen wird. Ein Tag wie viele andere? Oder wieder einer dieser Tage, an denen sich die Welt verändert?

Mein Name ist Marcel Salathé. Meine Freunde scherzen oft: »Man kennt ihn aus Funk und Fernsehen.« Falls Sie in der Schweiz leben, haben Sie mich vielleicht tatsächlich in den Medien kennen gelernt, als Epidemiologen, der während der Coronapandemie versuchte, zu erklären, was gerade abgeht. Ansonsten haben Sie wahrscheinlich noch nie von mir gehört, und das ist in Ordnung. Ich habe nichts Derartiges geleistet, dass man meinen Namen in jedem Haushalt kennen müsste, und dieses Buch, das Sie gerade in den Händen halten, ist weder eine Autobiografie noch eine nachträgliche Pandemiebewältigung. Im Gegenteil, es geht um das Heute und vor allem um das Morgen; um die Welt, in der wir leben, und um die, die als Nächstes auf uns zukommt.

Vielleicht geht es Ihnen ja ähnlich wie mir. Früher dachte ich manchmal: Wow, die Dinge verändern sich wirklich schnell – verrückt! Was damals ungewöhnlich schien, wurde in den letzten Jahren fast schon zur Normalität. Die Geschwindigkeit der Veränderungen nahm weiter zu, und ich begann, das mit einer gewissen Faszination zu beobachten. Dann kam die Pandemie, und das Wort »verrückt« bekam plötzlich eine ganz neue Dimension. Doch kaum hatten wir diese Phase hinter uns gelassen, brachte die nächste Revolution, die Künstliche Intelligenz, die Welt erneut ins Wanken. Heute vergeht keine Woche, ohne dass eine Schlagzeile erscheint, die eine neue Ära einläutet. Es ist beeindruckend, wie schnell wir uns an diese Geschwindigkeit gewöhnen, aber es wirft auch die Frage auf: Wie viel Beschleunigung kann eine Gesellschaft wirklich aushalten? Es fühlt sich an, als stünden wir an einem Punkt, an dem der Fortschritt so rasant ist, dass wir kaum die Chance haben, innezuhalten und zu verstehen, was das alles für uns bedeutet. Und doch bleibt diese Neugier, wie weit diese Entwicklung noch gehen kann und wie wir dabei mithalten.

An diesem Punkt möchte ich Sie mit einem meiner Lieblingsautoren bekannt machen: Douglas Adams. Viele kennen ihn als den Autor der Romanreihe »Per Anhalter durch die Galaxis«, in der ein Supercomputer die berühmte Antwort »42« auf die ultimative Frage »nach dem Leben, dem Universum und dem ganzen Rest« berechnet. Douglas Adams hat eine Beobachtung gemacht, die in meinen Augen die beste Beschreibung des technologischen Wandels ist, die ich je gehört habe:

1. Alles, was bereits existiert, wenn man geboren wird, ist normal, alltäglich und einfach ein natürlicher Teil der Welt.

2. Alles, was zwischen dem fünfzehnten und fünfunddreißigsten Lebensjahr erfunden wird, ist neu, aufregend und revolutionär – und man kann damit wahrscheinlich Karriere machen.
3. Alles, was nach dem fünfunddreißigsten Lebensjahr erfunden wird, verstößt gegen die natürliche Ordnung der Dinge.

Ich finde diese Beschreibung einfach herrlich. Auch wenn die Lebensjahre nicht immer exakt passen, beschreibt Adams doch erstaunlich präzise, wie wir auf neue Technologien reagieren. Ich würde deshalb gut verstehen, wenn Sie beim Lesen meines Eindrucks zum rasanten Wandel denken: »Ja, der Salathé, der ist eben auch nicht mehr der Jüngste – für den geht wohl alles ein bisschen zu schnell.«

Aber halt! Ich kann Ihnen versichern, dass ich mich mental immer noch in der zweiten Kategorie befinde. Neue Dinge finde ich grundsätzlich spannend und aufregend, und ich frage mich stets: Wie kann ich eine neue Entwicklung sinnvoll nutzen? Es gibt fast nichts, das ich als Verstoß gegen die natürliche Ordnung der Dinge sehen würde (mit Ausnahme von Pizza mit Ananas). Mir persönlich kann es fast nicht schnell genug gehen. Veränderungen übten schon immer eine riesige Faszination auf mich aus. Hesse, der dichtet: »Und jedem Anfang wohnt ein Zauber inne.« Grönemeyer, der singt: »Stillstand ist der Tod, geh voran, bleibt alles anders.« Oder Einstein, der sinniert, dass es beim Menschen wie beim Velo ist: Nur wer fährt, kann die Balance halten. Es muss einfach immer vorwärtsgehen.

Und dennoch – irgendetwas ist anders. Die technologische und wissenschaftliche Entwicklung ist heute so schnell, dass es unmöglich geworden ist, überall Schritt zu halten. Weil diese Veränderungen inzwischen jeden Bereich unseres Lebens berühren, kann man sich leicht überfordert fühlen. Gleichzeitig sind die Stimmen, denen man früher vertraute, leiser geworden oder ganz verschwunden. Vor nicht allzu langer Zeit konnten eine Handvoll vertrauenswürdiger Medien uns noch ein einigermaßen klares Weltbild vermitteln, doch heute werden wir von Informationen förmlich überflutet. Das Internet hat die klassischen Medien durcheinandergewirbelt, und in dem Prozess ist ein großer Teil von ihnen verloren gegangen. Auf sozialen Medien und anderen Online-Plattformen hat nun jeder und jede ein Megafon in der Hand. Und nun kommt zu alldem noch die Künstliche Intelligenz (KI) hinzu, vermutlich die wichtigste technologische Erfindung der Menschheit überhaupt. Sie wird alles noch weiter beschleunigen.

Wie gehen wir damit um? Hier setzt dieses Buch an. Ich biete mich Ihnen als Reiseführer in einer scheinbar verrückten Welt an, in der sich alles immer schneller dreht, getrieben von technologischen Entwicklungen und besonders den Fortschritten der Künstlichen Intelligenz, die dieses Tempo stetig erhöht. Lassen Sie mich es gleich im Voraus sagen: Ich habe selbstverständlich auch nicht alle Antworten. Wie wir sehen werden, stehen wir in vielen Bereichen vor neuen, fundamentalen Fragen, auf die wir noch keine Antworten haben – Antworten, die wir als Gesellschaft erst gemeinsam finden müssen. Warum sollten Sie also ausgerechnet mit mir auf diese Reise gehen? Eine sehr gute Frage, auf die ich Ihnen drei Antworten anbiete.

Erstens ist mir die digitale Welt sehr vertraut. Auch wenn ich ursprünglich Biologie studiert habe, bin ich doch schon seit Mitte der Neunzigerjahre ein großer Fan digitaler Technologien. Schon mit Anfang zwanzig habe ich eine eigene Firma gegründet, die auf den Web-Boom aufsprang. Nach kurzer Zeit wurde sie von einem größeren Internet-Start-up übernommen, wo ich noch einige Zeit als Webentwickler tätig war. Zurück in der Wissenschaft habe ich meine technologischen Kenntnisse rasch in meine Arbeit integriert und so das Gebiet der digitalen Epidemiologie miterschlossen. Da dies auch die Arbeit mit großen Datenmengen einschließt, beschäftige ich mich bereits seit über fünfzehn Jahren mit maschinellem Lernen, also genau der Methode, auf der sämtliche KI-Systeme basieren. Vor etwa zehn Jahren habe ich mit Freunden eine der mittlerweile größten Konferenzen für angewandte KI ins Leben gerufen, und heute bin ich Co-Direktor des KI-Zentrums der EPFL, im deutschsprachigen Raum auch als ETH Lausanne bekannt.

Zweitens bin ich Wissenschaftler. Als solcher bin ich mit dem besten Instrument vertraut, das je entwickelt wurde, um die natürliche Welt zu verstehen: der wissenschaftlichen Methode. Sie hilft uns nicht nur, die Welt zu entschlüsseln, sondern auch uns selbst besser zu verstehen. Das soll keinesfalls bedeuten, dass nur Wissenschaftler die Welt verstehen. Doch eine unserer Stärken ist es, Fakten von Meinungen zu trennen. In einer Welt, in der uns das Internet und soziale Medien Zugang zu einer enormen Vielfalt an Meinungen verschaffen, bleibt der wissenschaftliche Ansatz ein unschätzbar wertvolles Werkzeug, um Fakten von Meinungen zu unterscheiden und so den Überblick zu bewahren. Um es nochmals zu betonen: Weder die Wissenschaft noch Wissenschaftler sind unfehlbar; wo Menschen arbeiten, geschehen Fehler. Doch die Wissenschaft stützt sich auf Selbstkorrektur, auf Zweifel und Prüfung, und genau darin liegt ihre Stärke. Es ist eine fortlaufende Suche nach der bestmöglichen Annäherung an die objektive Wahrheit, und das kann besonders in Zeiten des schnellen Wandels Orientierung bieten.

Drittens habe ich während der Pandemie rasch lernen müssen, wie Wissenschaft, Technologie, Politik, Medien und Kommunikation zusammenwirken. Dabei ist mir eines klar geworden: Wissenschaftliche Kommunikation ist oft völlig anders als die Sprache der Medien oder der Politik. Als Wissenschaftler lernen wir, mit anderen Fachkollegen zu kommunizieren; doch um die Öffentlichkeit zu erreichen, müssen wir eine andere Sprache sprechen. Es geht nicht nur um Vereinfachung, so wichtig sie auch ist. Es geht um den richtigen Kontext, den passenden Ton und den klaren Fokus. Vor allem aber geht es darum, das Publikum zu verstehen – also Sie, liebe Leserinnen und Leser. Wer nicht weiß, mit wem er spricht, wird nicht verstanden. Durch meine Pandemie-Erfahrung habe ich gelernt, wissenschaftliche Inhalte klar und verständlich zu vermitteln, besonders wenn die Themen komplex, politisch heikel oder emotional aufgeladen sind. Diese Erfahrung hat mich zu einem besseren Wissenschaftskommunikator gemacht; eine Fähigkeit, die uns auf der gemeinsamen Reise durch die vielschichtige Welt der KI zugutekommen wird.

Lassen Sie uns also gemeinsam starten. Sie werden schnell merken, ob Ihnen diese Seiten gefallen und ob sie für Sie nützlich sind. Falls nicht, werden Sie das Buch zur Seite legen oder zurückgeben, und das ist völlig in Ordnung. Doch wenn ich meine Arbeit gut gemacht habe, dann werden Sie sich nach der Lektüre dieses Buches etwas besser für die verrückten Zeiten gerüstet fühlen. Und vielleicht, so wage ich zu hoffen, spüren Sie sogar ein wenig mehr Gelassenheit. Denn wie heißt es so schön: Die größte Ruhe findet man im Auge des Sturms.

1 Warum alles immer schneller geht

Vor über zweitausend Jahren schrieb der römische Philosoph Cicero: »Nicht zu wissen, was vor deiner Geburt geschehen ist, heißt, immer ein Kind zu bleiben.« Er wollte damit ausdrücken, dass ohne ein Verständnis der Vergangenheit weder Gegenwart noch Zukunft wirklich begreifbar sind. Keine Sorge, ich habe nicht vor, mit Ihnen eine Geschichtsstunde abzuhalten. Doch um zu verstehen, warum unsere heutige Zeit so verrückt erscheint, lohnt es sich, das Band ein Stück zurückzuspulen. Dabei zeigt sich schnell, dass die eigentliche »Verrücktheit« weniger darin liegt, was passiert, sondern vielmehr darin, mit welcher Geschwindigkeit es geschieht. Genau das macht den Blick in die Vergangenheit so wertvoll: Er zeigt uns, dass das Tempo der Veränderung heute eine völlig neue Dimension erreicht hat – und er hilft uns, zu verstehen, welche Kräfte heute dieses Tempo antreiben.

Uns Menschen gibt es noch gar nicht so lange. Unser Planet, die Erde, existiert seit etwa viereinhalb Milliarden Jahren. Die erste halbe Milliarde Jahre waren relativ langweilig, denn Leben gab es noch keines. Erst vor etwa vier Milliarden Jahren entstanden die ersten Lebensformen in Gestalt einzelliger Organismen, vor allem Bakterien. Die Natur benötigte danach über zwei Milliarden Jahre, um die Mehrzelligkeit hervorzubringen. Eine weitere Milliarde Jahre verging, bevor die ersten Tiere und Pflanzen auftauchten, die jedoch kaum Ähnlichkeit mit den heutigen

Formen hatten. Die ersten Säugetiere erschienen vor etwa 300 Millionen Jahren, und Primaten, zu denen auch wir Menschen gehören, existieren seit weniger als 100 Millionen Jahren. Und der Mensch selbst? Die Gattung *Homo*, zu der auch unsere Art *Homo sapiens* zählt, ist ungefähr zwei Millionen Jahre alt. Doch *Homo sapiens* selbst lässt sich erst seit rund 300 000 Jahren anhand fossiler Funde nachweisen. Gemessen an der gesamten Geschichte des Lebens macht unsere Art also gerade einmal weniger als ein Zehntausendstel aus.

Angesichts dessen, was wir Menschen in dieser kurzen Zeit erreicht haben, könnte man meinen, wir hätten von Anfang an mit Innovationen voll durchgestartet. Doch das wäre ein Irrtum. In den ersten 250 000 Jahren lebte der Mensch weitgehend so, wie er es seit seiner Entstehung getan hatte: in kleinen Gruppen auf dem afrikanischen Kontinent, die ihren Lebensunterhalt durch Jagen und Sammeln bestritten. Erst vor rund 50 000 Jahren begannen die ersten Gruppen, sich auf andere Kontinente auszubreiten, doch das grundlegende Lebensmuster blieb unverändert. Dann, vor etwa 12 000 Jahren, ereignete sich im Nahen Osten etwas, das den Lauf unserer Geschichte für immer verändern sollte: Der Mensch erfand die Landwirtschaft.

Falls Sie nun denken: Aha, hier kommt der Mensch und erfindet etwas Einzigartiges, das es in der Natur so zuvor noch nicht gab, dann muss ich Sie leider enttäuschen. Landwirtschaft, also die bewusste Bewirtschaftung der Umwelt zur Nahrungsproduktion, existiert bereits seit Millionen von Jahren. Ameisen, Termiten und bestimmte Käfer betreiben seit rund 50 Millionen Jahren Landwirtschaft. Einige Ameisenarten schneiden beispielsweise Gräser und Blätter, bringen diese in ihre Nester und nutzen sie als Nährsubstrat für die Zucht von Pilzen. Diese Pilzzucht ist für sie kein Hobby, sondern eine zentrale Nahrungsquelle, die den Großteil des Energiebedarfs der Kolonie deckt. Landwirtschaft ist also keineswegs einzigartig in der Natur, auch wenn sie für uns Menschen einen entscheidenden Schritt in unserer jüngsten Entwicklung darstellt. Die besondere Auszeichnung – die erste Erfindung, die tatsächlich einzigartig in der Geschichte des Lebens ist und unsere Spezies auf eine unvergleichliche Laufbahn katapultierte – gebührt jedoch einer anderen Errungenschaft, die vor etwa 5000 Jahren in Mesopotamien entstand. Um welche Erfindung handelt es sich? Die Antwort liegt buchstäblich vor Ihrer Nase: Es ist die Schrift.

Um etwa 3000 v. Chr. entstanden die ersten Aufzeichnungen dessen, was wir heute als Schrift erkennen würden. Einfachere Zeichnungen und Symbole existierten zwar bereits viel früher, etwa in Form von Höhlenmalereien. Doch das Entscheidende an der Schrift ist, dass die Zeichen nicht mehr nur Dinge darstellen, die es gibt – beispielsweise ein Tier oder eine Waffe – sondern für gesprochene Laute stehen. Man kann sich den schrittweisen Übergang von Zeichnungen zur Schrift so vorstellen, dass die Zeichen nicht mehr nur Objekte abbilden, sondern zunehmend bestimmten Lauten entsprechen. Stellen Sie sich beispielsweise ein gezeichnetes Hühnerei neben einem Telefon vor. Ergibt das einen Sinn? Ja – wenn wir die Zeichen als Laute lesen: »Ei« und »Phone« – iPhone! Das Ei verliert hier seine Bedeutung als Objekt und wird nur noch wegen seines Lautes verwendet. Diese revolutionäre Idee entstand erstmals im alten Mesopotamien, im Gebiet zwischen Euphrat und Tigris im heutigen Irak. Dort entwickelte das Volk der Sumerer die sogenannte Keilschrift, deren Zeichen kurze Laute wie »mu«, »lu« oder »ki« repräsentierten. In anderen Teilen der

Welt wurde diese Idee weiterentwickelt, und Zeichen begannen, nur noch einzelne Konsonanten wie »g«, »f« oder »s« darzustellen. Oft genügte dies, um verständliche Texte zu schreiben: Dsn Stz knn mn nch lsn, ncht whr? Es erfordert zwar etwas mehr Konzentration, doch der Inhalt bleibt erkennbar. Später fügte man noch Vokale wie »o«, »a« und »u« hinzu, um die Lesbarkeit weiter zu verbessern – ein System, das wir in abgewandelter Form bis heute verwenden.

Warum war die Schrift eine so bahnbrechende Erfindung? Vor allem aus zwei Gründen. Zum einen konnten die Menschen damit Dinge festhalten, die sehr abstrakt waren – sogar Gedanken, die zuvor noch niemand ausgesprochen hatte. Man stelle sich vor, wie stark das Innovationen beflügelte! Zum anderen ließ sich Geschriebenes über lange Zeiträume hinweg aufbewahren, zunächst auf Tontafeln, später auch auf Papier. Dadurch konnten neue Erkenntnisse oder Erfindungen rasch verbreitet werden. Stellen Sie sich einmal ein Leben ohne Schrift vor: Jede Idee, die sich nicht einfach in Bildern ausdrücken lässt, müsste mündlich überliefert werden. Würde diese mündliche Weitergabe auch nur einmal unterbrochen, müsste die Idee völlig neu erfunden werden. Die Schrift hingegen ermöglichte es, Wissen präzise festzuhalten und über Generationen hinweg aufzubewahren. So konnte jede neue Generation unmittelbar auf dem Wissen der vorherigen aufbauen. Ein revolutionärer Schritt, der den Fortschritt enorm beschleunigte.

Interessant ist vor allem die Frage, warum die Schrift überhaupt erfunden wurde. Man denkt vielleicht an Wissenschaft oder Literatur, doch die Antwort ist viel nüchterner: Der Ursprung der Schrift liegt in der bürokratischen Verwaltung. Versetzen Sie sich ins Mesopotamien vor 5000 Jahren. Mit dem Aufkommen der Landwirtschaft wuchsen die ersten Siedlungen auf mehrere Tausend Menschen an. Ab einer solchen Gruppengröße wurde es hilfreich, Dinge systematisch aufzuzeichnen. Die Organisation des Zusammenlebens von Zehntausenden erforderte eine sorgfältige Verwaltung: Land musste vermessen, Getreide gewogen und Menschen mussten gezählt werden. Sich allein auf das Gedächtnis oder mündliche Überlieferung zu verlassen, war für solch umfangreiche Aufgaben schlicht nicht praktikabel. Wenig überraschend geben daher die frühesten schriftlichen Aufzeichnungen auf Tontafeln hauptsächlich über Getreide, Steuern und Sklaven Auskunft. Aus dieser Zeit stammen auch die ersten Zahlensysteme und grundlegende Rechenarten wie Addition, Multiplikation und Bruchrechnung – ebenfalls durch den administrativen Bedarf angeregt.

In den darauffolgenden 4000 Jahren entstehen auf der ganzen Welt große Zivilisationen, die kommen und gehen, in Südamerika, Indien, China, Europa und im Nahen Osten. Sie alle beruhen auf ähnlichen Prinzipien: Landwirtschaft, Krieg und Handel. Die Gemeinschaften wachsen immer weiter und umfassen teilweise Millionen von Menschen. Staaten mit zunehmend komplexeren Strukturen entstehen, und Wissen sowie Technik werden fortlaufend verfeinert. Doch der Fortschritt bleibt noch relativ langsam, denn alles muss von Hand geschrieben werden. Dies ändert sich schlagartig, als Johannes Gutenberg im 15. Jahrhundert den Buchdruck mit beweglichen Lettern in Europa einführt, fast 5000 Jahre nach der Erfindung der Schrift. In den folgenden Jahrhunderten explodiert die Buchproduktion: Schon Ende des 15. Jahrhunderts werden allein in Europa zwölf Millionen Bücher gedruckt sein. Ein Jahrhundert später sind es bereits 200 Millionen. Nun lassen sich Ideen nicht mehr nur für kommende Generationen bewahren, sondern auch rasch einem großen Teil der Menschheit zugänglich machen.

Mitten in dieser Informationsrevolution findet eine weitere Umwälzung statt, die die Welt radikal verändert und bis heute prägt: die wissenschaftliche Revolution. Zwar wurde Wissen schon lange gesammelt, doch mit moderner Wissenschaft, wie wir sie heute kennen, hatte dies bis zum 16. Jahrhundert herzlich wenig zu tun. Bis dahin beschränkte man sich meist auf Spekulationen und logische Herleitungen. Die griechischen Philosophen sind hierfür ein klassisches Beispiel – sie legten wenig Wert auf Datenerhebung oder Experimente. Entsprechend überrascht es kaum, dass das Weltbild großer Denker wie Aristoteles oder Hippokrates, so ausgeklügelt es auch sein mochte, im Großen und Ganzen falsch war. Erst im 16. Jahrhundert begann sich die wissenschaftliche Methode, wie wir sie heute verstehen, zu etablieren. Diese besagt, vereinfacht gesagt, dass nur das als wahr gelten kann, was durch Daten und Experimente belegbar ist. Alles andere bleibt bestenfalls Theorie. Ein Beispiel: In Europa hielt man die Erde jahrhundertelang für das Zentrum des Universums, gestützt auf detaillierte Theorien griechischer Philosophen. Dieses völlig falsche Weltbild hielt sich fast 2000 Jahre, nicht zuletzt dank der Kirche, die es zum Dogma erhoben hatte. Erst im 16. Jahrhundert begannen Wissenschaftler wie Kopernikus und Galilei, diese Vorstellung durch Daten infrage zu stellen. Heute wissen wir längst, dass die Erde weder im Zentrum des Sonnensystems noch des Universums steht. Doch diese Einsicht wurde nicht einfach »hergedacht«, sondern musste durch Beobachtungen und Experimente bewiesen werden.

Erinnern wir uns an den Zeitrahmen: *Homo sapiens* existiert seit etwa 300 000 Jahren, doch erst vor rund 400 Jahren entwickelt er die wissenschaftliche Methode. Wenn wir die gesamte Geschichte unserer Art bis heute in ein einziges Jahr packen, taucht die moderne Wissenschaft erst am 31. Dezember am frühen Nachmittag auf. Was dann geschieht, ist beispiellos. Die wissenschaftlichen und technologischen Durchbrüche schießen wie eine Rakete nach oben, zuerst im übertragenen Sinne, kurz darauf sogar wortwörtlich. Innerhalb von nur dreihundert Jahren verdoppeln wir unsere Lebenserwartung auf achtzig Jahre, rotten Krankheiten aus, landen auf dem Mond und schicken riesige Datenmengen in Sekundenbruchteilen auf die andere Seite des Planeten. Stellen wir uns vor, wir könnten durch die Zeit reisen und eine Person aus dem frühen 18. Jahrhundert in die heutige Welt holen. Diese Person stünde wohl unter einem gewaltigen Schock und würde vielleicht sagen: »Mit Menschsein hat das nichts mehr zu tun.« Doch genauso ginge es uns, wenn wir die Lebensumstände von damals betrachten: ein Leben, das hart und kurz war, geprägt von Hunger, Kriegen, Krankheiten und ständiger Gewalt.

Das sollten wir uns stets vor Augen halten, wenn wir über das Heute und das Morgen diskutieren.

Wer Zukunftsvisionen entwirft, hört oft: »Das ist doch nicht mehr normal.« Aber ist die Welt, in der wir heute leben, überhaupt »normal«? Was bedeutet »normal« denn eigentlich? Im Grunde bezeichnet es nur das, was wir kennen und woran wir uns gewöhnt haben. Eine absolute Normalität gibt es nicht. Natürlich bedeutet nicht jede Kritik an Veränderungen automatisch Angst vor Neuem. Wenn wir etwas als »nicht normal« bezeichnen, drücken wir manchmal nur aus, dass wir eine Veränderung als ungerecht oder schlicht falsch wahrnehmen. Trotzdem macht uns die Vorstellung, dass die Zukunft radikal anders sein könnte als die Gegenwart, oft Angst. Wir fühlen uns im Vertrauten zu Hause; hier kennen wir die Regeln und wissen, wie alles läuft. Eine völlig andere Zukunft würde uns diese Orientierung nehmen. Wir würden uns hilflos fühlen – ohnmächtig.

Wenn wir die Geschichte der Menschheit mit ihren gewaltigen Zeiträumen besser verstehen, erkennen wir auch, warum wir so empfinden und reagieren, wie wir es tun. Die Veränderungen von einer Generation zur nächsten waren über den Großteil der Existenz von *Homo sapiens* hinweg kaum spürbar. Selbst vor wenigen Tausend Jahren konnten unsere Vorfahren davon ausgehen, dass das Leben in hundert Jahren mehr oder weniger dasselbe sein würde. Erst vor wenigen Jahrhunderten wurden Menschen geboren, die erstmals damit rechnen mussten, dass sich ihre Welt im Laufe ihres Lebens grundlegend verändern könnte. Doch selbst dann verlief der Wandel noch so langsam, dass die ältere Generation ihr Leben weitgehend wie gewohnt führen konnte, während sich die jüngere allmählich an neue Umstände anpasste. Noch bis ins 20. Jahrhundert hinein war es üblich, dass jemand sein gesamtes Berufsleben im selben Job verbrachte, auch wenn sich die Art der Arbeit langsam veränderte. Heute ist das eher die Ausnahme: Jobwechsel und sogar komplette Karrierewechsel werden zunehmend zur Regel. Vor einigen Jahrzehnten gaben nur wenige die Prognose ab, dass wir einmal nicht wissen würden, welche Jobs unsere Kinder haben werden. Heute ist dies längst Realität.

Es lohnt sich, diesen Kontrast nochmals zu betonen: Über den größten Teil unserer Existenz hinweg war Wandel kaum vorhanden oder verlief so langsam, dass er das Leben einzelner Menschen praktisch nicht berührte. Heute hingegen wissen wir nicht einmal, wie die Welt in zehn Jahren aussehen wird – außer, dass sie völlig anders sein wird. Wie sollen wir mit einer solchen Geschwindigkeit umgehen? Wird alles immer schneller, oder stoßen wir irgendwann an eine Grenze?

Werfen wir nochmals einen Blick auf einige der Kräfte hinter dieser Beschleunigung. Am Anfang stand die Schrift, mit der neue Ideen über Generationen hinweg festgehalten werden konnten. Die aufkommende Landwirtschaft ermöglichte das Leben in immer größeren Gemeinschaften und führte zur Arbeitsteilung. Einige Menschen konnten sich dadurch ein Leben lang der Bewahrung und Entwicklung von Ideen widmen. Der moderne Buchdruck beschleunigte die Verbreitung neuer Gedanken, und die wissenschaftliche Methode erlaubte es, diese Ideen systematisch zu überprüfen und praktisch anzuwenden. Auch der soziale Wandel trug zur Beschleunigung bei: Vor allem in freien Marktwirtschaften begann sich die Generierung neuer Ideen finanziell zu lohnen. Während früher Ideen oft aus reiner Neugier oder zur Unterstützung von Verwaltung und Staat entstanden, wurde es nun auch wirtschaftlich attraktiv, selbständig an neuen Ideen zu arbeiten. Und je mehr Menschen es gab, desto mehr Ideen und parallele Innovationen entstanden.

Es ist möglich, dass die Beschleunigung durch diese Faktoren ihren Höhepunkt bereits erreicht hat. Das Bevölkerungswachstum verlangsamt sich, und es gibt sogar Szenarien, nach denen die Zahl der Menschen ab etwa 2050 leicht abnehmen könnte. Auch die Ausbreitung liberaler Marktwirtschaften verläuft nicht mehr so stark wie in den vergangenen zwei Jahrhunderten.

Doch den wichtigsten Faktor, der die Beschleunigung in jüngster Zeit angetrieben hat, haben wir bisher nicht angesprochen: den Computer. Elektronische Computer sind eine relativ neue Erfindung, noch keine hundert Jahre alt. Die ersten Modelle wurden in den 1940er-Jahren, mitten im Zweiten Weltkrieg, gebaut. Diese Maschinen füllten damals ganze Hallen. Doch durch die fortschreitende Miniaturisierung entstand innerhalb weniger Jahrzehnte der PC – der »persönliche Computer«. Die ersten PCs kamen in den 1970er-Jahren auf den Markt, und in den 1980ern begann ihr weltweiter Siegeszug durch Macs und Windows-PCs. 1989 entwickelte Tim Berners-Lee am CERN in Genf das World Wide Web (WWW). Bald darauf begannen Millionen Menschen, über dieses Netzwerk von Computern zu kommunizieren. Diese Revolution war in ihrer Bedeutung vergleichbar mit Gutenbergs Buchdruck: Plötzlich hatten Menschen Zugang zum gesamten Wissen der Menschheit, und jede neue Idee konnte in Sekundenschnelle um die Welt reisen.

Die globale Digitalisierung ist zweifellos heute der stärkste Beschleuniger. Das liegt vor allem daran, dass viele Innovationen heute in digitaler Form existieren und sich dadurch in kürzester Zeit weltweit verbreiten können. Bei nicht digitalen Erfindungen dauert dieser Prozess deutlich länger. Stellen Sie sich vor, Sie hätten eine hochinnovative Maschine entwickelt, die weltweit gefragt ist. Sie beginnen sofort mit der Massenproduktion, doch das braucht Zeit und Rohstoffe. Jede Maschine muss einzeln hergestellt und verschickt werden. Zudem sind viele neue Erfindungen erst ab einer bestimmten Mindestverbreitung wirklich nützlich. Denken Sie zum Beispiel an das Internet selbst. Die Infrastruktur musste zuerst aufgebaut werden, und anfangs war das Netz nur bedingt hilfreich, weil es nur wenige nutzten. Über die Jahre entstand ein Kreislauf, in dem mehr Nutzer und eine bessere Infrastruktur zu neuen Diensten führten, was wiederum weitere Nutzer anzog und zusätzliche Infrastruktur erforderte. Solche Kreisläufe brauchen Zeit und entwickeln sich meist über Jahrzehnte hinweg.

Mit Software geht alles nochmals schneller, vor allem, wenn sie direkt über das Internet genutzt werden kann. Ein modernes Beispiel ist ChatGPT, die weitverbreitete KI, die von OpenAI im November 2022 online gestellt wurde. Dank der globalen Vernetzung konnte ein Großteil der Menschheit sofort auf diese KI zugreifen, ohne Verzögerung. ChatGPT brauchte weniger als zwei Monate, um hundert Millionen registrierte Nutzerinnen und Nutzer zu erreichen – ein absoluter Geschwindigkeitsrekord, der inzwischen allerdings bereits wieder gebrochen wurde. Diese Dynamik wird zunehmend zur Normalität: Ein digitaler Service kann in kürzester Zeit riesige Menschenmengen erreichen. Manchmal haben solche Dienste einen tiefgreifenden Einfluss auf die Arbeitswelt oder unser digitales Verhalten, wie es bei KI der Fall ist. In diesen Momenten scheint es nicht nur so, als hätte sich die Welt über Nacht verändert – es ist tatsächlich so.

Mit dieser kurzen Zeitreise wollte ich zeigen, wie wir Menschen in einer derart schnellen Zeit gelandet sind. Dieses Phänomen ist relativ neu, und unsere Körper – vor allem aber unser Gehirn – hatten bisher kaum Gelegenheit, sich biologisch an diese neuen Realitäten anzupassen. Es ist wohl kein Zufall, dass Krankheiten wie Burn-out oder Angstzustände Rekordwerte erreicht haben, auch wenn diese natürlich nicht allein durch technologischen Wandel verursacht sind. Doch wir Menschen sind kulturell äußerst anpassungsfähig und konnten uns immer wieder erstaunlich gut auf neue Umstände einstellen. Diese Anpassung erfolgt jedoch oft nur sehr langsam. Der Physiker und Nobelpreisträger Max Planck bemerkte einmal: »Eine neue wissenschaftliche Wahrheit pflegt sich nicht in der Weise durchzusetzen, dass ihre Gegner überzeugt werden und sich als belehrt erklären, sondern vielmehr dadurch, dass ihre Gegner allmählich aussterben und dass die heranwachsende Generation von vornherein mit der Wahrheit vertraut gemacht ist.« Selbst in der ansonsten rasanten und innovationsfreudigen

Wissenschaft sind einzelne Forschende oft nicht bereit, ihre Überzeugungen aufzugeben. Veränderungen gehen ihnen zu schnell, und es fällt ihnen schwer, neue Erkenntnisse zu akzeptieren. Das System als Ganzes passt sich zwar an, aber nur langsam und über Generationen hinweg.

Und genau hier liegt ein Grundproblem: Die Welt verändert sich durch die Kombination aus Internet und KI mittlerweile so schnell, dass wir uns ständig anpassen müssen – und zwar nicht mehr über Generationen hinweg, sondern innerhalb eines einzigen Lebens. Zu Max Plancks Zeiten (und vielleicht auch noch heute) konnten sich Wissenschaftler in bestimmten beruflichen Positionen noch leisten, an ihren Überzeugungen festzuhalten. In der marktwirtschaftlichen Welt ist das jedoch kaum möglich. Wer sich nicht anpasst, ist oft in wenigen Jahren »weg vom Fenster«. Die meisten von uns müssen daher lernen, mit diesen neuen Dynamiken umzugehen. Aber wie? Ein perfektes Rezept, das für alle funktioniert, gibt es nicht. Ein wichtiger erster Schritt ist jedoch, überhaupt zu verstehen, was um uns herum geschieht. Und nichts prägt diese Veränderungen derzeit so stark wie die Künstliche Intelligenz. Sie ist die treibende Kraft hinter dem rasanten Wandel unserer Zeit, und deshalb werden wir uns in diesem Buch intensiv mit ihr beschäftigen. Denn wer versteht, wie KI funktioniert, hält einen Kompass in Händen, mit dem man sich in diesen verrückten Zeiten zurechtfinden kann.

2 Daten, Chips und Energie

Das Thema Künstliche Intelligenz – oder eben KI – bewegt die Welt wie kaum eine Erfindung zuvor. Die Meinungen darüber, wie KI unsere Zukunft beeinflussen wird, reichen von düsteren Warnungen vor dem Ende der Menschheit bis hin zu visionären Vorstellungen, in denen KI alle Probleme der Menschheit löst. Man kann wohl ohne Übertreibung sagen, dass KI die wichtigste Erfindung der Menschheit ist. Doch ganz gleich, was die Zukunft bringt: KI ist bereits Teil unseres Alltags, wird aktiv eingesetzt und beeinflusst unser Leben schon heute. Höchste Zeit also, dass wir uns genauer ansehen, was KI eigentlich ist.

Beginnen wir mit dem Begriff »Künstliche Intelligenz«. Dieser ist leider etwas irreführend, denn erstens hat KI wenig mit »künstlich« zu tun, und zweitens bleibt »Intelligenz« ein unklar definiertes Konzept, über das sich Biologen und Verhaltensforscherinnen bis heute streiten. Der Begriff wurde 1955 von vier US-amerikanischen Computerwissenschaftlern geprägt, als sie eine Finanzierung für eine zweimonatige Studienphase erbaten. In ihrem Antrag stand folgender Text (Hervorhebung hinzugefügt):

> Wir schlagen vor, im Sommer 1956 am Dartmouth College in Hanover, New Hampshire, eine zweimonatige Studie über **künstliche Intelligenz** mit 10 Personen durchzuführen. Die Studie soll auf der Grundlage der Vermutung durchgeführt

> werden, dass jeder Aspekt des Lernens oder jedes andere Merkmal der Intelligenz im Prinzip so genau beschrieben werden kann, dass eine Maschine dazu gebracht werden kann, es zu simulieren. Es wird versucht, herauszufinden, wie man Maschinen dazu bringen kann, Sprache zu benutzen, Abstraktionen und Konzepte zu bilden, Probleme zu lösen, die bisher dem Menschen vorbehalten waren, und sich selbst zu verbessern. Wir glauben, dass ein bedeutender Fortschritt in einem oder mehreren dieser Probleme gemacht werden kann, wenn eine sorgfältig ausgewählte Gruppe von Wissenschaftlern einen Sommer lang daran arbeitet.

Das Ziel der Forscher war es also, menschliche Fähigkeiten wie das Lernen, die Sprachverwendung und das Lösen von Problemen mithilfe von Computern zu simulieren. Wie wir in diesem Kapitel noch sehen werden, sind wir heute tatsächlich so weit, dass Computer diese Fähigkeiten nachahmen können. Allerdings hat das rund siebzig Jahre in Anspruch genommen. Der Glaube von 1955, dass man »bedeutende Fortschritte« innerhalb eines Sommers erzielen könnte, erwies sich im Nachhinein als hoffnungslos optimistisch. Als Randnotiz sei erwähnt, dass dies ein typisches menschliches Muster ist, das wir in der Geschichte der modernen Technologie immer wieder antreffen: Wir überschätzen, was kurzfristig möglich ist, und unterschätzen, was langfristig erreicht werden kann.

In den Jahrzehnten seit jenem Sommer in den 1950er-Jahren gab es immer wieder Fortschritte in der Künstlichen Intelligenz. Doch das, was Computer damals leisten konnten, hatte lange Zeit nur wenig mit menschlicher Intelligenz gemein. Nehmen wir als Beispiel die Bilderkennung. Bis weit in die 2000er-Jahre hinein waren Computer kaum in der Lage, selbst einfache

Objekte zuverlässig auf Fotos zu erkennen. Ihre Fähigkeiten beschränkten sich weitgehend auf einfache Mustererkennung, und sie scheiterten oft schon an Aufgaben, die für einen Menschen mühelos leistbar sind, wie das Erkennen von Tieren, Gesichtern oder Alltagsgegenständen. Dafür konnten Computer aber schon ein Jahrzehnt zuvor, in den 1990er-Jahren, die besten menschlichen Schachspieler schlagen. Ein bekanntes Beispiel ist Deep Blue, der Schachcomputer von IBM, der 1997 den damaligen Weltmeister Garry Kasparov besiegte. Aber warum war es für Computer möglich, ein so komplexes Spiel wie Schach zu meistern, während die Erkennung eines Bildes – einer scheinbar viel einfacheren Aufgabe – lange Zeit eine unüberwindbare Hürde darstellte?

Das Schachspiel ist für Computer vergleichsweise einfach, weil die Regeln des Spiels klar und präzise definiert sind. Sie lassen sich logisch und mit mathematischer Genauigkeit beschreiben. Aus jeder Spielsituation heraus kann ein Computer sämtliche erlaubten Züge berechnen und so bewerten, welche die besten sind. In diesem Sinne ähnelt Schach für einen Computer einer Rechenaufgabe, wenn auch einer sehr komplexen. Allerdings gibt es dabei ein Problem: Die Anzahl der möglichen Spielzüge wächst exponentiell. Nehmen wir an, wir befinden uns mitten in einer Schachpartie. Von der aktuellen Stellung aus gibt es durchschnittlich 35 erlaubte Züge. Diese lassen sich für einen Computer mühelos berechnen. Für den darauffolgenden Zug müssen jedoch bereits 35 × 35 Möglichkeiten geprüft werden, also 1225. Bei drei Zügen in die Zukunft sind es 35 × 35 × 35, was 42 875 Positionen ergibt. Für einen Computer immer noch handhabbar – doch man sieht schnell, worauf es hinausläuft: Für sechs Züge voraus benötigt der Computer bereits fast zwei Milliarden Berechnungen. Selbst die schnellsten

Maschinen stoßen bei so vielen Möglichkeiten irgendwann an ihre Grenzen. Trotz dieser Herausforderung konnten Schachcomputer dank gewaltiger Rechenleistung 1997 schließlich den besten menschlichen Spieler schlagen. Es war letztlich eine Frage der verfügbaren Rechenleistung, gepaart mit cleveren Anpassungen, die es Computern erlaubten, das Spiel zu »durchdenken«, zumindest auf ihre eigene Weise.

Vergleicht man nun das Schachspiel mit der Bilderkennung, wird schnell klar, dass es sich um ein völlig anderes Problem handelt. Die Zahl möglicher Bilder ist praktisch unendlich, und es gibt keine klar definierbaren Regeln, die ein Bild beschreiben könnten. Wo hört ein Hund auf, und wo beginnt eine Katze? Wie bringt man einem Computer bei, diesen Unterschied zu erkennen? Hinzu kommt, dass Objekte in unzähligen Variationen auftreten: mit unterschiedlicher Beleuchtung, aus verschiedenen Winkeln oder in Kombination mit anderen Dingen. Anders als beim Schach gibt es keine festen Regeln, an denen man sich orientieren kann. Wir Menschen lösen diese Aufgabe scheinbar mühelos: Zeigen Sie mir ein beliebiges Bild, und ich kann Ihnen sagen, was darauf zu sehen ist. Doch fragt man uns, wie wir das tun, nach welcher Logik wir vorgehen, haben wir keine Antwort. Unser Gehirn macht es einfach.

KI-Forscher versuchten das Problem zunächst auf klassische Weise anzugehen: Sie zerlegten es in kleinere Teilprobleme, lösten diese einzeln und setzten anschließend die Ergebnisse zusammen, um das große Problem zu lösen. So brachte man Computern bei, einfache Dinge zu erkennen, etwa Gradienten, Kanten oder Ecken. Solche Merkmale lassen sich für Computer relativ gut beschreiben, etwa: »Wenn eine Seite sehr hell ist und die andere eher dunkel, könnte das die Kante eines Objekts sein.« Im nächsten Schritt versuchte man, diese einzelnen

Erkennungsmechanismen zu kombinieren, doch dieser Ansatz scheiterte immer wieder. Selbst einfache Aufgaben wie die Erkennung von Kanten wurden durch Schatten oder Texturen erschwert. Befand sich ein Objekt in einem unerwarteten Winkel, wurde es schnell problematisch. Und jedes Mal, wenn die Forschenden eine spezifische Situation gelöst hatten, tauchten zehn neue Fälle auf, in denen ihre Regeln versagten.

Zur selben Zeit ließen sich einige KI-Forscher vom menschlichen Gehirn inspirieren. Unser Gehirn besteht aus rund hundert Milliarden Nervenzellen, den sogenannten Neuronen. Jedes dieser Neuronen ist mit Tausenden anderen in einem komplexen Netzwerk verbunden, das Signale austauscht. Wenn solche neuronalen Netzwerke im Gehirn Intelligenz hervorbringen können, warum sollten *künstliche* neuronale Netzwerke nicht *künstliche* Intelligenz erzeugen können? Diesen Gedanken hatten Forschende bereits früh, und schon in den 1980er-Jahren wurden die ersten künstlichen neuronalen Netzwerke mit wenigen Tausend solcher Neuronen entwickelt. Und erstaunlicherweise gelang es bereits diesen kleinen Netzwerken, einfachste Aufgaben der Bilderkennung zu lösen.

An dieser Stelle müssen wir etwas in die Tiefe gehen, um zu verstehen, wie solche Netzwerke funktionieren. Diese neuronalen Netzwerke sind zentral, weil alle modernen KI-Systeme darauf basieren, einschließlich der weltweit wohl bekanntesten KI: ChatGPT. In der Tat sind alle heutigen Chatbots neuronale Netzwerke. Übersetzungsprogramme? Neuronale Netzwerke. Bildgeneratoren? Neuronale Netzwerke. Spracherkennung? Neuronale Netzwerke. Gesichtserkennung? Neuronale Netzwerke. Virtuelle Assistenten? Neuronale Netzwerke. Sie sehen, worauf ich hinaus möchte. Es ist schlicht unmöglich, KI zu verstehen, ohne neuronale Netzwerke zu verstehen. Ich lade

Sie daher zu einem kleinen technischen Abstecher ein. Aber keine Sorge, wir gehen langsam und Schritt für Schritt vor.

Zuerst einmal ist es wichtig zu verstehen, dass neuronale Netzwerke in Computern nicht aus echten Neuronen bestehen oder diese exakt nachbilden. Vielmehr handelt es sich um Programme, die auf einfache Prinzipien zurückgreifen, die denen im Gehirn ähneln. In einem biologischen Gehirn senden Neuronen Signale über Verbindungen, deren Stärke bestimmt, wie intensiv ein Signal weitergeleitet wird. Ein künstliches neuronales Netzwerk übernimmt dieses Prinzip, aber nur auf einer vereinfachten, mathematischen Ebene: Es verarbeitet Zahlen. Diese Verarbeitung erfolgt mithilfe von Parametern – quasi den »Einstellungen« des Netzwerks. Man kann sich diese Parameter wie Regler an einem Mischpult vorstellen, die festlegen, ob ein Signal verstärkt, abgeschwächt oder ignoriert wird. Je größer ein Netzwerk ist, desto mehr Parameter hat es.

Diese Netzwerke funktionieren wie eine Art Maschine: Sie nehmen eine Eingabe entgegen, arbeiten diese intern in mehreren Schritten durch und liefern am Ende eine Ausgabe. Bleiben wir beim Beispiel der Bilderkennung. Die Eingabe ist ein Bild, das zuvor digitalisiert wurde, und die Ausgabe sagt uns, was auf dem Bild zu sehen ist. Stellen wir uns ein künstliches neuronales Netzwerk vor, das erkennen soll, ob die Eingabe einen Hund oder eine Katze zeigt. Da in Computern alles auf Zahlen basiert, müssen sowohl die Eingabe als auch die Ausgabe in Zahlen dargestellt werden. Bei der Eingabe ist das relativ einfach: Ein digitales Bild besteht aus Pixeln, wobei jedes Pixel durch Zahlen beschrieben wird, die seine Farbe festlegen. Das Bild wird also in eine lange Zahlenreihe umgewandelt, welche dann in das Netzwerk eingegeben wird. Wichtig ist zu verstehen, dass die Zahlen, die am Ende aus dem Netzwerk herauskommen, nicht dasselbe bedeuten wie die Zahlen der Pixel, die wir am Anfang eingeben. Die Zahlen am Ende geben an, wie sicher sich das Netzwerk ist, dass das Bild einen Hund oder eine Katze zeigt. Man kann diese Zahlen auch als eine Art Wahrscheinlichkeit verstehen: je höher die Zahl, desto sicherer ist sich das Netzwerk. Wenn die Zahlen zum Beispiel 20 für Hund und 80 für Katze lauten, signalisiert das Netzwerk, dass es sich ziemlich sicher ist, dass das Eingabebild eine Katze zeigt. Liefern die Zahlen hingegen 1 für Hund und 99 für Katze, ist sich das Netzwerk fast vollständig sicher, dass es sich um eine Katze handelt.

Und hier zeigt sich die Magie künstlicher neuronaler Netzwerke: Wie genau diese Netzwerke erkennen, ob auf einem Bild eine Katze oder ein Hund zu sehen ist, bleibt selbst für die Entwicklerinnen und Entwickler oft schwer greifbar. Wenn wir sämtliche Werte der Parameter kennen, können wir den Prozess mathematisch zwar exakt nachvollziehen, doch auf einer intuitiven Ebene – also wie das Netzwerk die spezifischen Merkmale einer Katze von denen eines Hundes unterscheidet – entzieht sich das einer einfachen Erklärung. Für uns als Nutzende entsteht der Eindruck, dass die Maschine ihre Entscheidung auf fast magische Weise trifft. Und in der Tat: Sind die Parameter einmal gut eingestellt, funktionieren diese Netzwerke verblüffend gut. Ist die Eingabe ein Bild einer Katze, liefert das Netzwerk zuverlässig »Katze« als Ergebnis; dasselbe gilt für Hunde.

Wenn die Stärke eines neuronalen Netzwerks in seinen Parametern liegt, stellt sich sofort die Frage: Wie viele Parameter braucht man, und wie findet man die besten Werte dafür? Mit diesen beiden Fragen befinden wir uns bereits mitten im Herzen der modernen Künstlichen Intelligenz. Beginnen wir mit der

Anzahl der Parameter. Wie erwähnt, hatten die ersten Bilderkennungs-Netzwerke in den 1980er-Jahren »nur« ein paar Tausend Parameter. Erinnern wir uns an die Metapher der Regler am Mischpult: Tausende solcher Regler optimal von Hand einzustellen, ist praktisch unmöglich. Schon bei wenigen Parametern verliert man schnell den Überblick. Die Lösung besteht darin, die besten Parameterwerte nicht manuell festzulegen, sondern mithilfe von Daten automatisch zu finden. Indem man das Netzwerk mit geeigneten Daten »füttert«, kann es seine Parameter selbständig so anpassen, dass die gewünschten Ergebnisse erzielt werden. Dieser Prozess, bei dem Netzwerke direkt aus Daten lernen, wird als »Training« bezeichnet. Die Details dieses Vorgangs sind hochspannend und führten 2024 sogar zu einem Nobelpreis, doch sie würden den Rahmen dieses Buches sprengen. Wichtig ist aber, zu verstehen: Es sind die Daten, welche die Netzwerke befähigen, optimale Parameter zu finden. Deshalb spricht man auch davon, dass die Netzwerke »von den Daten lernen«.

Bitte denken Sie jetzt nicht, dass es sich hier nur um kleine technische Details handelt – ganz im Gegenteil! Weil Daten entscheidend dafür sind, die besten Netzwerke zu trainieren, besitzen sie einen enormen wirtschaftlichen Wert. Nur wer über ausreichend Daten verfügt, kann leistungsfähige neuronale Netzwerke entwickeln. Je mehr Daten zur Verfügung stehen, desto besser lernt die KI. Wenn Sie also in den Medien vom »Krieg um Daten« hören, verstehen Sie nun besser, warum dieser teilweise so aggressiv geführt wird. Einfach gesagt: Ohne Daten keine KI. Die größte Datenquelle, die je geschaffen wurde, ist das Internet. Weil viele dieser Daten frei zugänglich sind, konnten junge Unternehmen wie OpenAI – die Macher von ChatGPT – ihre KI vor allem mit solchen Internetdaten trainieren. Ob dies immer rechtlich einwandfrei war, etwa in Bezug auf das Urheberrecht, ist eine Frage, die wir den Anwälten überlassen. Für uns ist an dieser Stelle wichtig, zu verstehen, wie die Netzwerke funktionieren und warum sich die Akteure in diesem Bereich so verhalten, wie sie es tun.

Nun, da wir wissen, wie die besten Werte für die Parameter gefunden werden, können wir uns der zweiten Frage widmen: Wie viele Parameter braucht ein neuronales Netzwerk eigentlich? Auch hier scheint die Antwort einfach: Je mehr Parameter, desto besser. Während die ersten Netzwerke in den 1980er-Jahren nur einige Tausend Parameter hatten, kamen in den frühen 2000er-Jahren bereits Netzwerke mit Millionen von Parametern auf. Vor einigen Jahren folgten dann die ersten Netzwerke mit Milliarden von Parametern, und die meisten heutigen KI-Modelle – so bezeichnet man diese neuronalen Netzwerke inzwischen – bewegen sich in dieser Größenordnung. Doch die Entwicklung geht immer weiter: Es gibt bereits erste Modelle mit über einer Billion Parametern, wobei »Billion« im Deutschen Tausend Milliarden bedeutet. Im Englischen hingegen bezeichnet »Billion« eine Milliarde, und diese Unterscheidung findet sich auch in den Namen vieler KI-Modelle wieder. Namenszusätze wie »8B«, »70B« oder »405B« geben die Anzahl der Parameter an: 8 Milliarden, 70 Milliarden, oder 405 Milliarden. Modelle mit wenigen Milliarden Parametern gelten heute als klein, solche mit einigen zehn bis hundert Milliarden Parametern als mittelgroß, und Netzwerke mit Hunderten Milliarden Parametern oder mehr zählen zu den größten, die es aktuell gibt. Bei manchen kommerziellen Modellen bleibt die genaue Anzahl der Parameter allerdings ein gut gehütetes Geheimnis.

Diese enorme Anzahl an Parametern hat direkte Konsequenzen. Die wohl wichtigste ist, dass sowohl das Training als auch die Nutzung solch großer KI-Modelle enorme Rechenleistung erfordern. Tatsächlich sind es erst die immer leistungsfähigeren Computerchips, die solche Netzwerkgrößen überhaupt ermöglicht haben. Interessanterweise kommen dabei hauptsächlich Chips zum Einsatz, die ursprünglich für Computergrafik entwickelt wurden. Diese sogenannten GPUs – kurz für »Graphics Processing Units« – sind zwar weniger vielseitig als herkömmliche Prozessoren, dafür jedoch bei bestimmten, für Grafik essenziellen Berechnungen um ein Vielfaches schneller. Wie sich herausstellte, sind genau diese Berechnungen auch für KI von zentraler Bedeutung. GPUs wurden dadurch quasi zu »KI-Chips«. Ohne diese spezialisierten Chips wäre es praktisch unmöglich, große KI-Netzwerke zu trainieren oder effektiv zu nutzen – es würde schlichtweg viel zu lange dauern. Vielleicht haben Sie bereits von der US-Firma Nvidia gehört, die kürzlich zur wertvollsten Firma der Welt aufstieg. Jetzt wissen Sie, warum: Nvidia besitzt beinahe ein Monopol auf GPUs und ist daher eine treibende Kraft hinter dem aktuellen KI-Boom.

Die zweite wichtige Konsequenz ist der enorme Energiebedarf, der mit diesen gewaltigen Rechenleistungen verbunden ist. Beginnen wir beim Training der KI-Modelle: Riesige Netzwerke mit Hunderten von Milliarden Parametern werden auf gigantischen Datenmengen trainiert. Dieser Prozess dauert selbst auf modernsten GPU-Systemen mehrere Monate – und zwar mit Tausenden, teilweise sogar Zehntausenden von GPUs gleichzeitig. Elon Musks Unternehmen xAI hat Ende 2024 sage und schreibe 100 000 solcher Rechner in einem Superrechenzentrum zusammengeschaltet und plant, diese Zahl bald auf 200 000 zu verdoppeln. Auch Meta, das Mutterunternehmen von Facebook, Instagram und Whatsapp, betreibt Rechenzentren mit über 100 000 KI-Rechnern. Andere Akteure rüsten ebenfalls massiv auf, und nicht nur Unternehmen: Auch Staaten investieren zunehmend strategisch in KI-Infrastruktur. So hat die Schweiz kürzlich im nationalen Hochleistungsrechenzentrum in Lugano einen KI-Supercomputer mit über 10 000 GPUs in Betrieb genommen. Doch das Training ist erst der Anfang. Sobald die KI-Modelle einsatzbereit sind, werden sie natürlich auch genutzt. Obwohl die Energie, die eine einzelne Anfrage an ein KI-Modell benötigt, relativ gering ist, summiert sich der Verbrauch rasch, wenn Hunderte Millionen Menschen diese Modelle regelmäßig verwenden.

Es ist nicht einfach, den exakten Stromverbrauch von KI-Systemen zu berechnen, doch eines steht fest: Er steigt kontinuierlich an. Die besten Modelle werden immer größer, trainieren mit immer umfangreicheren Datenmengen, und zugleich nutzen immer mehr Menschen immer mehr KI-Anwendungen. Diese Dynamik führt zu einem rasch wachsenden Bedarf an Elektrizität. Doch woher soll diese kommen? Bereits jetzt stoßen unsere Stromsysteme gelegentlich an ihre Grenzen. Hinzu kommt, dass die Elektrifizierung insgesamt voranschreitet, beispielsweise durch den Umstieg von Verbrennungs- auf Elektromotoren im Bereich der Mobilität. Es ist durchaus denkbar, dass Elektrizität – insbesondere saubere, nicht fossile Energie – bald zu einer knappen Ressource wird. Technologiefirmen wollen vermeiden, dass ihnen für ihre KI-Systeme eines Tages der Strom ausgeht. Deshalb investieren sie zunehmend in eigene Energiequellen, darunter sogar Kernkraftwerke. Wer hätte vor zehn Jahren gedacht, dass Technologiekonzerne einmal Atomkraftwerke besitzen würden? Willkommen in der verrückten Welt der KI. Ich hoffe, Sie erkennen nun deutlicher, weshalb es sich lohnt, diese Technologie besser zu verstehen. Plötzlich ergeben solche Entwicklungen nämlich Sinn.

Wenn Sie in nächster Zeit die politische und wirtschaftliche Welt beobachten, behalten Sie bitte diese drei Dinge im Hinterkopf: Daten, Chips und Energie. Sie bilden die Grundlage für Macht und Fortschritt in einer zunehmend digitalisierten und KI-dominierten Welt. Dabei geht es längst nicht mehr nur um den Erfolg einzelner Technologiefirmen, sondern um digitale Souveränität, nationale Sicherheit, Energieversorgung und wirtschaftliche Stärke. Länder, die Zugang zu großen Datenmengen, leistungsfähigen Chips und stabiler Energieversorgung haben, werden die neuen Supermächte. GPUs sind kein bloßes technisches Detail mehr, sondern ein geopolitischer Hebel, und eine Energiekrise könnte rasch zu einer Intelligenzkrise führen. Traditionelle Indikatoren von Reichtum treten zunehmend in den Hintergrund, während Datenströme, Rechenzentren und Energieinfrastrukturen an Bedeutung gewinnen. Die ungleiche Verteilung dieser Ressourcen birgt Konfliktpotenzial: Wer Zugang hat, gewinnt – wer ausgeschlossen bleibt, verliert. Die Frage nach der Kontrolle über Daten, Hardware und Energie wird die politischen und wirtschaftlichen Auseinandersetzungen der kommenden Jahrzehnte entscheidend prägen.

Wie Sie sehen, haben wir auf unserer Reise eine sehr hohe Flughöhe erreicht. Man könnte fast meinen, wir hätten einen kurzen Abstecher jenseits der Atmosphäre gewagt. Höchste Zeit also, wieder etwas näher an den Boden zurückzukehren. Hatten wir nicht eben noch über Bilderkennung gesprochen? Genau – lassen Sie uns wieder in den Alltag eintauchen und genauer anschauen, was diese KI-Modelle eigentlich leisten können. Wir verstehen jetzt zwar etwas besser, wie die Technologie funktioniert, aber wofür genau wird sie heute eingesetzt, und was könnte morgen schon möglich sein? Genau darum geht es im nächsten Kapitel. Moment, ich sehe, Sie wollen sich abschnallen? Oh nein, dafür ist es noch zu früh! Nur weil wir uns dem Boden des Alltags nähern, heißt das nicht, dass es ruhiger wird. Ganz im Gegenteil: Wie wir sehen werden, schicken sich KI-Anwendungen gerade an, die Welt auf den Kopf zu stellen. Schnallen Sie sich also bitte wieder an – es wird turbulent!

3 Die KI findet ihre Stimme

Künstliche Intelligenz ist heute allgegenwärtig. Trotzdem fragen sich viele Menschen: »Was bringt mir das eigentlich konkret?« Diese Frage ist nachvollziehbar, denn wenn neue Technologien aufkommen, ist oft nicht sofort klar, wie sie sich im Alltag sinnvoll einsetzen lassen. Vielleicht gibt es zu Beginn einzelne offensichtliche Anwendungen, doch das wahre Potenzial zeigt sich meist erst mit der Zeit.

Nehmen wir als Beispiel die letzte große technologische Revolution: das World Wide Web (WWW). Dieses wurde Ende der 1980er-Jahre von Tim Berners-Lee am CERN in Genf erfunden. Ursprünglich schlug er es als Informationsmanagementsystem für die Teilchenbeschleuniger und Experimente der Kernforschungseinrichtung vor. Der erste Anwendungsfall des Webs war also der Austausch von Informationen unter Wissenschaftlern. Tatsächlich blieb dies zu Beginn die Hauptnutzung dieses neuen Netzwerks. Nach und nach schlossen sich immer mehr Hobbyisten an, doch die Anwendungen blieben zunächst recht begrenzt. Erst allmählich erkannten einige Visionäre das kommerzielle Potenzial des World Wide Webs – darunter Jeff Bezos, der heute zu den reichsten Menschen der Welt gehört. Mitte der 1990er-Jahre setzte eine enorme wirtschaftliche Aufbruchstimmung ein, der sogenannte Dotcom-Boom. Plötzlich wurde klar, dass das Web die Welt verändern würde, und jedes Unternehmen mit einem ».com« im Namen wurde quasi über Nacht zum Börsenstar. Doch der Hype endete abrupt: Ende der 1990er-Jahre brachen die Bewertungen vieler Internetfirmen zusammen, da diese oft weder nennenswerte Umsätze noch Gewinne erzielten.

Der Dotcom-Crash war schmerzhaft, und manche glaubten, dies sei das Ende des Internets. Doch wie sich zeigte, war die Vision grundlegend richtig. Heute muss man sogar sagen, dass die Visionäre der 1990er-Jahre wahrscheinlich noch zu klein gedacht haben. Viele der heutigen Technologiefirmen, die erst durch das Internet möglich wurden, waren damals noch nicht einmal vorstellbar – denken Sie etwa an Dienste wie Google, Youtube, Spotify, Uber oder Airbnb. Falsch war nicht die Idee, sondern das Timing: Es brauchte letztlich gut zwanzig Jahre, bis sich die Vision des frühen Internets realisieren ließ. Manche Stimmen sagen, dasselbe gelte für die KI: Ihr voller Einfluss werde erst in zwanzig Jahren wirklich sichtbar sein. Doch ich halte diese Einschätzung für falsch. Ein Grund, weshalb das Internet so lange brauchte, um sein ganzes Potenzial zu entfalten, war die nötige Infrastruktur. Es mussten zuerst Leitungen verlegt und Verbindungen geschaffen werden, damit Menschen überhaupt darauf zugreifen konnten. Gleichzeitig brauchten die Nutzerinnen und Nutzer eigene Geräte wie Computer und Modems, um sich mit dem Internet zu verbinden. Zudem mussten sie zuerst einen Zugangsdienst erwerben, bevor sie überhaupt anfangen konnten, das Internet zu nutzen. All dies benötigte Zeit und führte dazu, dass das Internet anfangs nur für wenige zugänglich war. Bei der KI sieht das völlig anders aus.

Sie kennen die Geschichte: Ende 2022 kommt ChatGPT auf den Markt. Bereits zwei Monate später nutzen es hundert Millionen Menschen, und nur zwei Jahre danach hat ein Großteil der Menschheit – zumindest jene mit Internetzugang – schon von ChatGPT gehört. Da weltweit über fünf Milliarden Menschen online sind, zeigt sich hier eindrücklich, wie schnell eine KI, die über das Internet verbreitet wird, enormen Einfluss entfalten kann; vorausgesetzt natürlich, sie ist tatsächlich nützlich. Doch was genau kann diese KI eigentlich?

Kehren wir zurück zur Bilderkennung, einem der ersten Anwendungsbereiche, in dem die moderne KI bedeutende Fortschritte erzielte. Wie wir gesehen haben, waren neuronale Netzwerke bereits früh in der Lage, relativ einfache Aufgaben zu lösen, beispielsweise die Erkennung handgeschriebener Zahlen. Das mag für Sie oder mich unspektakulär klingen, doch für große Postunternehmen, die täglich Millionen Sendungen mit handgeschriebenen Adressen verarbeiten mussten, bedeutete dies einen echten Durchbruch. Allerdings blieben solche Anwendungen zunächst sehr begrenzt, weshalb KI-Forscherinnen und -Forscher intensiv daran arbeiteten, die Fähigkeiten der KI zu erweitern. Das Ziel war eine Bilderkennungs-KI, die beliebige Objekte erkennen kann. Da dieses Problem anfangs jedoch zu komplex war, konzentrierte man sich zunächst auf begrenzte Kategorien von Objekten.

Um diese begrenzten Kategorien systematisch zu erforschen und Fortschritte messbar zu machen, wählte die Wissenschaft einen speziellen Ansatz, den wir uns genauer anschauen sollten, denn er ist nicht nur für die Bilderkennung, sondern für viele Bereiche der KI zentral. Dieser Ansatz basiert auf sogenannten Benchmarks. Ein Benchmark ist eine klar definierte Aufgabe, die für alle identisch ist und als Maßstab dient. Einer der ersten Benchmarks zur allgemeinen Bilderkennung war CIFAR-10. Dahinter steht ein Datensatz mit Tausenden von Bildern, von denen jedes einer von zehn Kategorien zugeordnet ist, beispielsweise Hund, Pferd oder Flugzeug. Die Aufgabe bestand darin, eine KI zu entwickeln, die diese Bilder möglichst zuverlässig den Kategorien zuordnen kann. Mithilfe eines solchen Benchmarks konnten verschiedene KI-Modelle objektiv miteinander verglichen werden, da sie alle genau dieselbe Aufgabe lösten. So entstand eine einheitliche Grundlage, um Fortschritte messbar zu machen und gezielt voranzutreiben.

Diese Benchmarks wurden im Laufe der Zeit immer komplexer, da auch die Technologie stetig Fortschritte machte. Im Jahr 2010 wurde der sogenannte ImageNet-Benchmark eingeführt. Er basierte auf einem Datensatz von einer Million Bildern, die in tausend Kategorien eingeteilt waren. Eine solche Komplexität war zuvor schlicht nicht möglich gewesen. Doch die Verbreitung digitaler Kameras, immer günstigere Speichermöglichkeiten und die zunehmende Verfügbarkeit von Daten im Internet machten eine solche Größenordnung plötzlich realisierbar. Die ersten Ergebnisse dieses Benchmarks waren allerdings ernüchternd: Nur etwa drei Viertel der Bilder wurden korrekt erkannt. Das war zwar besser, als es auf den ersten Blick scheint – schließlich wären bei einer zufälligen Zuordnung der Kategorien fast alle Klassifizierungen falsch gewesen. Drei Viertel korrekte Zuordnungen bedeuteten also bereits eine beachtliche Leistung. Dennoch war die Fehlerquote noch viel zu hoch, um in praktischen Anwendungen nützlich zu sein.

Dann, im Jahr 2012, geschah etwas Außergewöhnliches: Eine Gruppe von drei Forschern präsentierte ein KI-Modell, das alle bisherigen Ansätze in den Schatten stellte. Dieses Modell, genannt AlexNet, erzielte deutlich bessere Ergebnisse als jeder andere Ansatz zuvor – ein echter Meilenstein. Mit sechzig Millionen Parametern war AlexNet für die damalige Zeit ein gigantisches Netzwerk. Doch nicht nur seine Größe war beeindruckend: Es war eines der ersten Modelle, die auf GPUs trainiert wurden, wodurch eine bis dahin unerreichte Rechenleistung verfügbar wurde. Dieser Durchbruch sorgte nicht nur in der Wissenschaft, sondern auch in der Industrie für großes Aufsehen. Bis zu diesem Zeitpunkt hatten viele Experten neuronale Netzwerke für eine Sackgasse gehalten – eine faszinierende Idee zwar, aber praktisch nicht brauchbar. AlexNet änderte alles: Es bewies, dass Netzwerke mit Millionen von Parametern unglaublich gute Ergebnisse liefern konnten. Die Tragweite dieses Durchbruchs zeigt sich auch an den Karrieren der drei AlexNet-Forscher: Einer von ihnen gründete drei Jahre später OpenAI mit, jene Firma, die hinter ChatGPT steht. Ein anderer erhielt im Jahr 2024 für seine Beiträge zur KI den Nobelpreis.

Doch der eigentliche Wendepunkt folgte drei Jahre nach AlexNet: 2015 übertraf erstmals ein KI-Netzwerk den Menschen im ImageNet-Benchmark, bei der Klassifizierung von Bildern. Der Damm war gebrochen. KI war nicht mehr bloß ein Forschungsthema. Ihr Aufstieg zur globalen Schlüsseltechnologie hatte begonnen.

Die Bilderkennung wurde in der Folge in zahlreichen Bereichen weiterentwickelt, darunter schon früh in der medizinischen Diagnostik. Vielleicht kennen Sie die Szene aus einem Film oder aus persönlicher Erfahrung: Eine Ärztin betrachtet ein Röntgenbild oder eine andere medizinische Aufnahme und stellt eine Diagnose. Was früher tiefgehende fachliche Expertise erforderte, kann heute oft ein KI-Modell übernehmen. Diese Modelle wurden laufend verbessert und sind mittlerweile nicht nur so gut wie das menschliche Auge – in vielen Fällen übertreffen sie es sogar. Ein weiterer Vorteil: KI-Modelle werden nie müde, machen keine Aufmerksamkeitsfehler und benötigen weder Pausen noch Ferien. Zwar sind auch sie noch nicht perfekt und können ebenfalls Fehler machen, doch diese beruhen nicht auf Nachlässigkeit.

Seien wir ehrlich: Begriffe wie »Bilderkennung« klingen oft abstrakt. Nennen wir die Sache doch beim Namen, in drei einfachen Worten: *Maschinen können sehen.* Das mag zunächst banal klingen. Doch wenn wir genauer darüber nachdenken, wird klar, wie erstaunlich diese Fähigkeit eigentlich ist. Es wirkt beinahe wie Science-Fiction. Dass Computer rechnen können, wissen wir seit Jahrzehnten, schließlich nennen wir sie ja sogar »Rechner«. Dass sie Dinge darstellen können, haben wir seit den grafischen Benutzeroberflächen in den 1980er-Jahren akzeptiert. Aber dass Maschinen sehen können – dass man ihnen ein Bild zeigt und sagt: »Hier, mach etwas damit« –, das ist wirklich neu. Die Fähigkeit, heute einer Maschine beliebige Bilder oder sogar Videos zu zeigen, und sie beschreibt dann, was sie sieht, ist revolutionär. In Gesprächen stelle ich immer wieder fest, dass diese Nachricht zwar angekommen ist, aber die Tragweite dessen, was das bedeutet, oft noch nicht.

Wie so oft denken wir bei neuen technologischen Entwicklungen wie der maschinellen Sehfähigkeit zuerst an die möglichen Gefahren. Das ist ganz natürlich: Wir Menschen haben in unserer Geschichte gelernt, dass es besser ist, eine Gefahr zu überschätzen, als sie zu unterschätzen. In unserer Vergangenheit war eine verpasste Chance oft nur ärgerlich, eine unterschätzte Gefahr hingegen konnte rasch tödlich sein. Die Gefahr eines verlorenen Krieges oder einer misslungenen Ernte war in der Regel mit lebensbedrohlichen Konsequenzen verbunden; ganz zu schweigen vom Rascheln im Busch, das vielleicht einen Bären ankündigte. Bei Maschinen, die sehen können, springen uns daher sofort die Risiken ins Auge. Was genau sehen diese Maschinen denn eigentlich? Können sie meine privaten Geheimnisse enthüllen? Dinge erkennen, die niemand sehen sollte? Tatsächlich ist zum Beispiel die automatische Gesichtserkennung ein riesiges Thema. Zwar praktisch, wenn ich damit mein Telefon entsperren kann. Doch wenn diese Technologie in allen Kameras installiert ist, bedeutet das das Ende meiner Privatsphäre.

Hier ist jedoch Vorsicht geboten: Wir dürfen nicht das Kind mit dem Bade ausschütten. Jede Technologie bringt Vor- und Nachteile mit sich. Verbieten wir sie, verhindern wir zwar die Nachteile – aber eben auch die Vorteile. Und Vorteile der Bilderkennung gibt es viele. Ein Beispiel, das ich hervorheben möchte, ist die Bilderkennung in der Landwirtschaft. Die Landwirtschaft liegt uns allen am Herzen. Auch wenn heute nur noch ein kleiner Teil der Bevölkerung in diesem Bereich tätig ist, hat sie einen enormen Einfluss, und das nicht nur aus politischen Gründen. Die Landwirtschaft ernährt uns, prägt unsere Landschaft und ist tief mit unserer Kultur verbunden. Gleichzeitig ist sie immer wieder Streitpunkt, weil sie oft massiv in die Natur eingreift, etwa durch den Einsatz von Chemikalien wie Pestiziden und Herbiziden. Genau hier kann Bilderkennung einen entscheidenden Unterschied machen. Denn ohne diese Technologie werden ganze Felder häufig präventiv mit chemischen Mitteln behandelt, um die Ernte zu sichern. Das funktioniert, verursacht aber erhebliche Umweltbelastungen. Viel besser wäre es, wenn jede Pflanze einzeln geprüft werden könnte: Braucht sie wirklich eine Behandlung? Muss hier Unkraut entfernt werden? Für den Menschen ist das theoretisch zwar möglich, aber extrem ineffizient. Landwirtschaftsroboter mit Sehfähigkeiten bieten hier eine Lösung. Sie können langsam durch die Felder rollen, einzelne Pflanzen betrachten und präzise entscheiden, wo genau Maßnahmen nötig sind.

Das reduziert den Einsatz von Chemikalien erheblich und schont die Umwelt.

Maschinen können heute also erstaunlich gut sehen. Doch was wäre, wenn sie nicht nur sehen, sondern auch Bilder erzeugen könnten? Genau das ist möglich, und die Ergebnisse sind verblüffend. Die Qualität der Bildgenerierung hat mittlerweile ein Niveau erreicht, bei dem wir oft nicht mehr erkennen können, ob ein Bild von einer KI erstellt oder in der realen Welt aufgenommen wurde. Natürlich wird es Sie jetzt nicht überraschen, zu hören, dass auch die Bildgenerierung auf neuronalen Netzwerken basiert – doch hier liegt der spannende Unterschied: Der Prozess ist genau umgekehrt. Bei der Bilderkennung geben wir ein Bild ein, und das Netzwerk liefert uns eine Beschreibung des Bildes oder eine Bildkategorie. Bei der Bildgenerierung hingegen ist es andersrum: Wir geben einen Text ein, der beschreibt, was auf dem Bild zu sehen sein soll, und das Netzwerk erzeugt daraus ein passendes Bild. Die Ergebnisse sind beeindruckend. Noch vor einigen Jahren konnten Personen in Tests, bei denen sie entscheiden mussten, welches von zwei Bildern ein echtes Foto und welches von einer KI erzeugt war, diese Unterscheidung relativ einfach treffen. Heute ist es nahezu unmöglich geworden, den Unterschied zu erkennen – ein weiterer Meilenstein in der Entwicklung der KI.

Vor kurzem war ich auf einer Veranstaltung, bei der die Besucherinnen und Besucher dieses »Echt oder Falsch«-Spiel an einem Bildschirm ausprobieren konnten. Ziel war es, echte Fotos von KI-generierten Bildern zu unterscheiden; eine Demonstration dafür, wie weit die Bildgenerierung bereits fortgeschritten ist. Die Erfahrung war ernüchternd: Viele Teilnehmende mussten feststellen, dass es ihnen schlicht nicht gelang, echte von künstlichen Bildern zu unterscheiden. Einige versuchten sogar, KI-Bilder daran zu erkennen, dass sie »zu perfekt« aussahen. Doch das funktionierte selten, denn die besten Bildgeneratoren sind längst in der Lage, kleine Unschärfen oder vermeintliche Fehler einzubauen. Allein dies zeigt, wie weit die Technologie bereits ist: Um glaubwürdig zu wirken, imitiert sie sogar die Schwächen menschlicher Fotografie.

Was technologisch beeindruckend ist, erzeugt zugleich ein enormes Spannungsfeld hinsichtlich der Anwendung solcher Technologien. Auf der einen Seite ist es unglaublich nützlich, auf Knopfdruck ein Bild zu erstellen – sei es, um eine Firmenbroschüre visuell aufzuwerten, eine Geburtstagskarte zu personalisieren oder um zu sehen, wie ein neues Möbelstück ins eigene Wohnzimmer passen würde. Auf der anderen Seite wird uns klar, dass wir Bildern nicht mehr blind vertrauen können. Diese Technologie öffnet Tür und Tor dafür, Falschinformationen noch einfacher, billiger und damit in nie gekanntem Ausmaß zu verbreiten. Und da Videos, vereinfacht gesagt, nur eine Abfolge von Bildern sind, stellt auch die Erstellung täuschend echt aussehender Falschvideos – sogenannter Deepfakes – kein großes Problem mehr dar. Wie gehen wir als Gesellschaft mit diesen Herausforderungen um? Wie begegnen wir KI-generierten Falschinformationen? Das sind gewaltige Fragen, die zu groß sind, um sie hier angemessen zu behandeln. Deshalb werde ich ihnen später ein eigenes Kapitel widmen.

Kommen wir nun zum vielleicht größten Durchbruch moderner KI, zumindest aus unserer menschlichen Perspektive: der sprachlichen Kommunikation. Als ChatGPT im November 2022 die Bühne betrat, war es weder ein Bilderkenner noch ein Bildgenerator. Es war ein Chatbot, also ein Computersystem, mit dem man sich unterhalten kann. Schon damals waren seine sprachlichen Fähigkeiten so beeindruckend, dass man sich stundenlang mit ihm austauschen konnte, bevor man sich erstaunt die Augen rieb und sich daran erinnerte, dass man gerade mit einem Computer sprach. ChatGPT konnte damals noch nicht viel: keine Dateien hochladen, keine Websuchen durchführen, keine Bilder generieren – all das kam erst später. Aber eines konnte es bereits damals auf beeindruckende Weise: kommunizieren.

Die erste Version von ChatGPT basierte auf einem KI-Modell namens GPT-3.5. Genau genommen ist es nicht ganz korrekt, zu sagen: »Ich habe mich mit ChatGPT unterhalten.« ChatGPT ist streng genommen nur die Benutzeroberfläche, also die Anwendung, über die man mit dem eigentlichen KI-Modell GPT-3.5 kommunizierte. Doch »ChatGPT hat gesagt« hat sich längst im allgemeinen Sprachgebrauch eingebürgert, und es bringt wenig, hier kleinlich zu sein. Wie die Nummer andeutet, handelte es sich dabei nicht um ein brandneues Modell, sondern um die Weiterentwicklung früherer Versionen namens GPT-3, GPT-2 und GPT-1. GPT steht für »Generative Pre-trained Transformer«. Lassen Sie uns diese drei Begriffe kurz entschlüsseln – keine Sorge, ich erkläre nur das, was später tatsächlich wichtig wird. »Generative« bedeutet, dass das Modell neue Inhalte *generieren* kann, statt lediglich bestehende Daten zu analysieren oder in Kategorien einzuordnen. »Pre-trained« bedeutet »vortrainiert« und verweist darauf, dass das Modell auf riesigen Datensätzen trainiert wurde, bevor es überhaupt zum Einsatz kommt. »Transformer« schließlich beschreibt eine spezielle Architektur für neuronale Netzwerke, die sich als außergewöhnlich leistungsstark erwiesen hat. Wir werden diese Konzepte später genauer betrachten, denn sie sind für die aktuelle Entwicklung der KI von zentraler Bedeutung.

Das erste Modell der GPT-Reihe, GPT-1, wurde 2018 von OpenAI veröffentlicht. Es verfügte über 117 Millionen Parameter und wurde auf einem Datensatz von 5 Gigabyte (GB) Text trainiert. Als es erschien, sorgte es zwar in Fachkreisen für Interesse, hatte jedoch keinen großen Einfluss auf die öffentliche Wahrnehmung. Vielmehr sah man es als einen ersten Versuch, der zeigte, dass der Ansatz grundsätzlich funktionierte. Allerdings war GPT-1 noch weit davon entfernt, zusammenhängende Texte zu erzeugen: Ein Satz konnte vielversprechend beginnen, driftete jedoch oft schnell ins Unsinnige ab. Ein Jahr später, 2019, erschien GPT-2 mit 1,5 Milliarden Parametern und einem Trainingsdatensatz von 40 GB. Dieses Modell konnte bereits Texte verfassen, die oberflächlich sinnvoll wirkten, auch wenn die Inhalte oft noch frei erfunden waren. Der große Durchbruch erfolgte schließlich 2020 mit GPT-3. Mit einer Größe von 175 Milliarden Parametern war es für damalige Verhältnisse ein gewaltiges Modell, das auf über 500 GB Textdaten trainiert wurde. Zum ersten Mal war ein KI-Modell in der Lage, Texte zu schreiben, die nicht nur stilistisch beeindruckten, sondern auch inhaltlich stimmig waren – so gut, dass sie kaum noch von Texten zu unterscheiden waren, die von Menschenhand geschrieben wurden.

Bei der Veröffentlichung von GPT-1 und GPT-2 folgte OpenAI noch ihrem ursprünglichen Motto, das sich auch im Firmennamen widerspiegelt: offene KI. Die Modelle wurden frei zugänglich gemacht. Doch mit GPT-3 schlug OpenAI Mitte 2020 einen anderen Weg ein. Aus Sorge vor Missbrauch, so die offizielle Begründung, wurde das Modell nicht veröffentlicht. Stattdessen konnte man es lediglich über eine Programmierschnittstelle, eine sogenannte API, nutzen. Dadurch hatten zwar Programmierer Zugang zum Modell, die breite Öffentlichkeit blieb jedoch außen vor. Ob OpenAI tatsächlich aus Sicherheitsgründen handelte oder ob man bereits damals das enorme kommerzielle Potenzial von GPT erkannte, lässt sich nicht mit Sicherheit sagen. Vermutlich spielte beides eine Rolle. Es dauerte allerdings mehr als zwei Jahre, bis OpenAI schließlich GPT-3.5 ankündigte und mit ChatGPT die Nutzung für jedermann ermöglichte, auch für Menschen ohne Programmierkenntnisse.

Warum vergingen mehr als zwei Jahre zwischen der Einführung von GPT-3 und GPT-3.5? Ein Hauptgrund war, dass das Modell zuerst lernen musste, wie sich ein hilfreicher Chatbot verhalten soll. Hier müssen wir erneut einen kleinen technologischen Exkurs machen – ich hoffe, Sie vertrauen mir mittlerweile, dass ich dies nur tue, wenn das Konzept zentral für das Verständnis von KI ist. Vorhin haben wir über das sogenannte Pre-Training gesprochen, also das Vortrainieren mit Rohdaten, in diesem Fall Abermillionen von Texten aus dem Internet. Dieses Vortrainieren erzeugt bereits sehr leistungsstarke neuronale Netzwerke, doch diese sind noch recht roh, genau wie die Daten, von denen sie lernen. Da die Netzwerke ihr Verhalten direkt aus den Daten ableiten, spiegeln sie auch deren Inhalte wider. Wenn Sie bedenken, welche problematischen oder schrecklichen Inhalte im Internet zu finden sind, wird schnell klar, warum ein solches Modell nicht einfach so der Öffentlichkeit zugänglich gemacht werden kann. An dieser Stelle kommt das sogenannte Post-Training ins Spiel – oder auf Deutsch: das Nachtrainieren.

Um den Unterschied zwischen Vortrainieren und Nachtrainieren besser zu verstehen, kann eine Metapher hilfreich sein: Das Vortrainieren gleicht der Evolution. Es dauert lange, und am Ende entsteht ein Gehirn. Dieses Gehirn hat von Anfang an – etwa bei der Geburt eines Menschen – ein enormes Potenzial. Doch es muss erst durch Erziehung und Bildung lernen, welche Art von Person es werden soll. Natürlich lässt sich diese Metapher nicht unbegrenzt ausdehnen, aber sie bietet eine hilfreiche Denkhilfe. Wie wir wissen, können aus zwei nahezu identischen Gehirnen völlig unterschiedliche Persönlichkeiten entstehen, je nachdem, welcher Erziehung und welchen Erfahrungen sie ausgesetzt sind. Ähnlich ist es bei KI-Modellen. Das Nachtrainieren dient dazu, rohe Modelle, die beispielsweise problematische und diskriminierende Inhalte generieren könnten, zu verfeinern und sie zu hilfreichen, respektvollen Chatbots »zu erziehen«. Es gibt dafür verschiedene Methoden, aber eine davon ähnelt tatsächlich einer Art Erziehung: Man interagiert mit dem Modell, korrigiert es kontinuierlich, belohnt es für erwünschtes Verhalten und ahndet unerwünschtes. Natürlich gehören Begriffe wie »belohnen« und »ahnden« in Anführungszeichen – wir sprechen hier schließlich von Software. Allerdings leidet der Lesefluss, wenn man dies ständig betont. Dennoch werde ich im weiteren Verlauf immer wieder darauf hinweisen, dass wir es hier mit Programmen und nicht mit Menschen zu tun haben.

Wenn Sie heute also mit ChatGPT interagieren, nutzen Sie ein Modell, das nicht nur gründlich vortrainiert wurde, sondern auch laufend nachtrainiert wird. Diese Modelle entwickeln sich ständig weiter, doch das grundlegende Prinzip bleibt dasselbe. Schon die erste Version von ChatGPT war beeindruckend gut, hatte aber noch einige Schwächen. Besonders auffällig waren die sogenannten Halluzinationen: Das Modell erfindet plausibel klingende Aussagen, die inhaltlich jedoch falsch sind. Obwohl solche Halluzinationen mit fortschreitender Entwicklung der Modelle seltener geworden sind, bleiben sie ein bekanntes Problem. Später werden wir genauer darauf eingehen, warum sie auftreten und wie man mit ihnen umgehen kann. Doch zurück zu ChatGPT: Vermutlich haben Sie diesen Chatbot selbst schon verwendet. Er ist erstaunlich vielseitig, sei es beim Erklären von Texten, beim Erstellen von Zusammenfassungen, bei der Unterstützung im Bereich Hausaufgaben oder sogar bei Programmiervorhaben. ChatGPT ist ein Assistent, der immer höflich bleibt, niemals müde wird und über ein beeindruckendes Wissen verfügt, und dies in fast allen Sprachen der Welt.

Lassen Sie uns hier kurz innehalten und uns bewusst machen, dass das, was ich gerade geschrieben habe, vor wenigen Jahren noch wie Science-Fiction geklungen hätte. Mit einer Maschine so zu kommunizieren, als wäre sie ein Mensch, war lange Zeit vollkommen unvorstellbar und galt als ultimatives Zeichen dafür, dass Computer menschliche Intelligenz erreicht haben. 1950 entwickelte der berühmte Informatiker Alan Turing dafür einen Test, der heute als Turing-Test bekannt ist. Dabei führt ein menschlicher Tester zwei Gespräche – eines mit einem Menschen und eines mit einer Maschine –, ohne zu wissen, wer was ist. Gelingt es der Maschine, den Tester so zu täuschen, dass er sie für einen Menschen hält, besäße sie menschenähnliche Intelligenz. Mit ChatGPT wird uns nun bewusst, dass es sich nicht ganz so einfach verhält. Tatsächlich ist es heute oft unmöglich, die Antworten von ChatGPT von denen eines Menschen zu unterscheiden. Der Turing-Test wäre damit bestanden. Doch gleichzeitig erkennen wir, dass ChatGPT vieles noch nicht kann, was menschliche Intelligenz ausmacht.

Die Fähigkeiten von ChatGPT hinterließen selbst bei führenden Denkern tiefen Eindruck. Der berühmte Historiker und Bestsellerautor Yuval Noah Harari äußerte die provokante These, dass KI wie ChatGPT eines Tages zur neuen Religion werden könnte. Über Jahrtausende hinweg hätten Propheten, Dichter und Politiker Sprache und Geschichten genutzt, um Menschen zu beeinflussen, zu kontrollieren und Gesellschaften zu formen. Jetzt, so Harari, übernehme KI diese Rolle, denn Sprache sei schließlich das, was menschliche Kommunikation ausmache. Es sei nicht ausgeschlossen, dass KI die menschliche Intelligenz eines Tages übertreffen könne und sie nicht nur Macht über uns erlange, sondern möglicherweise sogar unser Ende einläute. Einige Technologen reagierten darauf mit drastischen Forderungen: Sie verlangten einen sofortigen Stopp der KI-Entwicklung, während die extremsten Stimmen sogar vorschlugen, GPU-Rechenzentren notfalls mit der Luftwaffe zu zerstören, um die Technologie aufzuhalten.

Sie merken schon: Diese Technologie hat weit mehr zu bieten, als nur unsere E-Mail zusammenzufassen. Bei den visuellen Fähigkeiten der KI stellten wir fest: Maschinen können sehen. Wenn es um sprachliche Kommunikation geht, müssen wir hinzufügen: *Maschinen können lesen und schreiben.* Doch gerade das wirft die wirklich großen Fragen auf: Können sie auch denken? Können sie die Welt verstehen? Um das herauszufinden, müssen wir noch tiefer eintauchen, in die faszinierende Welt der sogenannten großen Sprachmodelle. Lassen Sie uns gemeinsam erkunden, wie es Maschinen gelingt, Antworten auf unsere Fragen zu finden – und ob sie dabei vielleicht mehr verstehen, als wir ahnen.

4 Im Labyrinth der Wörter

KI-Modelle wie GPT, die Texte generieren können, nennt man Sprachmodelle. Da diese Modelle, wie wir gesehen haben, oft Hunderte Milliarden von Parametern besitzen, werden sie auch große Sprachmodelle genannt, auf Englisch »large language models«, abgekürzt LLMs. Diese Abkürzung sollten Sie sich merken, denn in Diskussionen über KI taucht sie ständig auf. Natürlich wollen wir uns aber nicht damit zufriedengeben, nur ihre Namen zu kennen. Wir möchten auch verstehen, wie sie funktionieren, denn nur so können wir nachvollziehen, wohin die Reise geht.

Werfen wir zunächst einen Blick auf das, was wir bereits wissen: Diese Modelle sind gigantische neuronale Netzwerke. Ihre Abermilliarden von Parametern werden während des sogenannten Vortrainings anhand riesiger Datenmengen eingestellt – ein Prozess, der immense Rechenleistung erfordert, vor allem durch GPUs. Wir wissen auch, dass ein vortrainiertes Netzwerk in seiner rohen Form noch nicht wirklich nützlich ist. Es muss nachtrainiert, sprich: »erzogen« werden, um zu dem zu werden, was wir brauchen, beispielsweise ein hilfreicher Chatbot. Was wir nun herausfinden möchten, ist, wie es diesen Netzwerken überhaupt gelingt, Texte zu generieren.

Sie erinnern sich an unsere Bilderkennungs-KI: Sie war als neuronales Netzwerk aufgebaut, das die Pixel eines Bildes – natürlich in Zahlen umgewandelt – verarbeitet und diese in andere Zahlen übersetzt, welche Kategorien wie »Hund« oder

»Katze« zugeordnet sind. Falls das Netzwerk aus tausend verschiedenen Kategorien auswählen kann, berechnet es bei jeder Eingabe tausend Zahlen – also eine Zahl pro Kategorie. Große Sprachmodelle funktionieren ähnlich, unterscheiden sich aber in der Art ihrer Eingabe und Ausgabe. Ein Sprachmodell zerlegt den eingegebenen Text ebenfalls in kleine Bausteine, die intern als Zahlen repräsentiert werden. Doch anstelle einer einzigen Kategorie wählt das Modell hier aus einem großen Wortschatz jeweils das nächste passende Wort aus. Dazu berechnet es für jedes mögliche Wort einen Wert, der angibt, wie gut dieses Wort in den aktuellen Satz passt. Das Wort mit dem höchsten Wert wird dann an den Text angehängt, und der Prozess wiederholt sich für jedes weitere Wort.

Nehmen wir ein Beispiel: Die Eingabe in das Modell lautet »Es ist wunderschönes Wetter, und der Himmel ist«. Ein gut trainiertes Netzwerk wird in diesem Fall dem Wort »blau« mit Abstand den höchsten Wert zuweisen und es entsprechend auswählen. Der Wortschatz eines solchen Netzwerks – also die Anzahl möglicher Wörter – umfasst in modernen Sprachmodellen Zehntausende, manchmal sogar Hunderttausende Begriffe, was auch die Nutzung in mehreren Sprachen erleichtert. Das Wort »wolkenlos« könnte ebenfalls einen hohen Wert erhalten, während »grau« vermutlich einen niedrigeren Wert hätte. Begriffe wie »Schuh« dürften dagegen kaum eine Rolle spielen und einen Wert nahe Null haben.

Für uns Menschen klingt das alles selbstverständlich. Natürlich, werden Sie sagen, ergibt der Satz »Es ist wunderschönes Wetter, und der Himmel ist blau« einen Sinn. Der Satz »Es ist wunderschönes Wetter, und der Himmel ist grau« ist zwar nicht falsch, aber unerwartet. Er könnte der Beginn eines spannenden Textes sein, der sofort Neugier weckt: Moment mal, warum ist der Himmel grau, wenn das Wetter doch wunderschön ist? Das macht Lust auf mehr und lädt zum Weiterlesen ein. Der Satz »Es ist wunderschönes Wetter, und der Himmel ist Schuh« hingegen ergibt überhaupt keinen Sinn. Vielleicht könnte er in einer dadaistischen Ausstellung als absurde Kunst durchgehen – deshalb hat das Wort »Schuh« im Netzwerk nicht exakt den Wert Null, sondern lediglich einen sehr niedrigen. Als Menschen verstehen wir diese Zusammenhänge ganz natürlich, doch wie schafft es ein KI-Modell, solche Unterschiede zu erkennen?

Erinnern wir uns, wie diese Modelle funktionieren: Es sind riesige neuronale Netzwerke mit Milliarden von Parametern, die durch das Training mit gewaltigen Datenmengen optimal eingestellt werden. Der Trainingsprozess läuft ungefähr so ab: Wir nehmen Millionen von Texten aus dem Internet, aus Büchern und Artikeln. Dabei geben wir dem Netzwerk immer nur einen Teil eines Satzes vor, und es soll dann das jeweils nächste Wort vorhersagen. Zu Beginn liegt das Netzwerk oft komplett daneben und schlägt absurde Kombinationen vor, die keinen Sinn ergeben. Doch wir korrigieren es, indem wir sagen: »Nein, hier stand eigentlich das Wort ›blau‹ – passe deine Parameter entsprechend an.« Nach unzähligen Korrekturen beginnt das Netzwerk, die Muster unserer Sprache zu erkennen. Am Ende des Trainings hat es ein beeindruckendes Gespür dafür entwickelt, welche Wortkombinationen typisch für unsere Sprache sind und welche nicht. Es weiß dann, dass auf »Der Himmel ist« meist Farben oder Wetterbegriffe folgen, aber fast nie Wörter wie »Schuh«. Das Faszinierende daran: Niemand hat dem Netzwerk je erklärt, was ein Himmel ist oder welche Eigenschaften er haben könnte. Es hat diese Zusammenhänge allein aus den Mustern der Texte erkannt.

Wir haben bisher von Wörtern gesprochen, da sie die grundlegenden Bausteine der Sprache sind. Sprachmodelle arbeiten jedoch genau genommen nicht direkt mit Wörtern, sondern mit sogenannten *Tokens*. Ein Token kann ein einzelnes Wort sein, aber auch ein Teil eines Wortes oder ein einzelnes Zeichen, wie etwa ein Satzzeichen. Der Satz »Es ist wunderschönes Wetter« könnte beispielsweise in die Tokens »Es«, »ist«, »wunder«, »schön«, »es« und »Wetter« zerlegt werden. Der Vorteil dieses Token-Systems liegt darin, dass das Modell mit einer begrenzten Anzahl von Bausteinen arbeiten kann, anstatt für jedes mögliche zusammengesetzte Wort ein eigenes Token zu benötigen. Das Konzept der Tokens ist wichtig, da der Begriff immer häufiger verwendet wird. Beispielsweise wird die Geschwindigkeit, mit der ein Sprachmodell Text generieren kann, in Tokens pro Sekunde gemessen. Wenn Sie ChatGPT in seinen Anfangstagen benutzt haben, erinnern Sie sich vielleicht, wie langsam es damals war. Manchmal konnte man regelrecht zusehen, wie jedes Wort einzeln auf dem Bildschirm erschien. Heute sind die Modelle deutlich schneller geworden. Es gibt inzwischen Modelle, die weit über 2000 Tokens pro Sekunde generieren können – das entspricht ungefähr vier Buchseiten pro Sekunde. Zum Vergleich: Menschen wie Sie und ich lesen typischerweise mit einer Geschwindigkeit von etwa vier Wörtern pro Sekunde, also fünf bis sechs Tokens pro Sekunde. Die Modelle sind also schon heute beeindruckend schnell und werden in Zukunft noch schneller werden. Der Einfachheit halber und für einen besseren Lesefluss werde ich in diesem Buch Wörter und Tokens oft gleichsetzen, auch wenn sie technisch nicht genau dasselbe sind.

Kommen wir nun zu einem der faszinierendsten Aspekte der Sprachmodelle. Wie wir schon zu Beginn des Buches gesehen haben, können KI-Modelle nur mit Zahlen arbeiten. Bei der Bilderkennung haben wir beispielsweise gelernt, dass ein Bild in einzelne Pixel zerlegt wird, deren Farben durch Zahlen dargestellt werden. Ähnlich verhält es sich mit Tokens, die ebenfalls durch Zahlen repräsentiert werden. Doch die Art und Weise, wie diesen Tokens Zahlen zugeordnet werden, ist bemerkenswert. Diese Zuordnung geschieht weder zufällig, noch hat sie etwas mit den Buchstaben eines Tokens zu tun. Die Zahlen werden vielmehr während des Trainings gelernt. Und hier liegt der entscheidende Punkt: Die Zahlen werden automatisch so gewählt, dass Wörter mit ähnlicher Bedeutung oder solche, die häufig im gleichen Kontext auftreten, ähnliche Werte erhalten. Es entsteht gewissermaßen eine Art Landkarte, auf der Wörter mit ähnlicher Bedeutung nahe beieinanderliegen. Das Wort »schnell« würde zum Beispiel näher bei »rasch« liegen als bei »langsam«.

Doch diese Wort-Landkarte bietet noch mehr: Sie zeigt nicht nur, welche Wörter sich ähneln, sondern auch, wie sie zueinander in Beziehung stehen. Während des Trainings entdeckt das KI-Netzwerk beeindruckende Muster. Nehmen wir zum Beispiel die Beziehung zwischen »König« und »Königin« – sie entspricht derjenigen zwischen »Schauspieler« und »Schauspielerin« oder »Onkel« und »Tante«. Das Modell erkennt solche Paare und ihre Zusammenhänge, einfach weil sie in den Trainingstexten immer wieder ähnlich verwendet werden. Und diese Logik reicht weit über Geschlechter hinaus. So gehört »Sushi« zu »Japan« wie »Pizza« zu »Italien«, oder »Hammer« zu »Nagel« wie »Nadel« zu »Faden«. Das Modell findet diese Verbindungen ganz von allein, lediglich durch die Muster, die es in Millionen von Texten immer wieder entdeckt. Doch eines bleibt wichtig: Das Modell versteht die Wörter nicht wirklich.

Es hat nie eine Pizza gegessen, einen König getroffen oder einen Nagel eingeschlagen. Es erkennt lediglich, wie die Wörter in der Sprache verwendet werden.

Diese Landkarte der Wörter ist der Schlüssel dafür, weshalb Sprachmodelle so beeindruckend gut Texte schreiben und umformulieren können. Wenn das Modell einen Text generiert, wandert es sozusagen von Wort zu Wort über diese Landkarte. An jeder Position wählt es diejenigen Wörter aus, die im aktuellen Kontext am besten passen. Dabei greift es nicht nur auf sein Wissen darüber zurück, welche Wörter häufig zusammen auftreten, sondern nutzt auch die Beziehungen, die es während des Trainings entdeckt hat. Wenn ein Text umformuliert werden soll, findet das Modell auf seiner Landkarte rasch Wörter mit ähnlicher Bedeutung – es kennt die Nachbarschaft jedes Wortes und ist ein Meister der Synonyme. Und wenn es einen Text in einen anderen Stil übertragen soll, weiß es, welche Wörter für diesen Stil typisch sind.

Doch genau hier liegt auch eine der größten Schwächen von Sprachmodellen: Sie verlassen sich ausschließlich auf diese Landkarte, die sie aus Texten gelernt haben. Sie haben keine Möglichkeit zu überprüfen, ob das, was sie schreiben, tatsächlich stimmt. Wenn in den Trainingsdaten zwei Begriffe häufig zusammen auftauchen, verwendet das Modell diese ebenfalls häufig zusammen – unabhängig davon, ob die Verbindung in der realen Welt sinnvoll ist oder nicht. Das kann zu den berüchtigten Halluzinationen führen: Das Modell formuliert grammatikalisch korrekte und überzeugend klingende Sätze, erfindet dabei aber manchmal Fakten. Ein typisches Beispiel: Ein Nutzer fragt das Modell nach dem Geburtsdatum einer wenig bekannten historischen Person. Da diese Person in den Trainingsdaten selten vorkommt, jedoch häufig mit einer bestimmten

Epoche verbunden wird, könnte das Modell mit großer Selbstsicherheit ein völlig falsches Datum nennen. Oder es empfiehlt ein Buch mit einem überzeugend klingenden Titel und Autor, das in Wirklichkeit gar nicht existiert, weil ähnliche Buchtitel in seinen Trainingsdaten häufig vorkamen. Es schreibt eben nur das, was gemäß seiner Landkarte zusammenpasst, ohne jegliches Verständnis dafür, ob es auch wahr ist.

Ist diese Schwäche die Achillesferse der großen Sprachmodelle? Manche kritische Stimme ist dieser Ansicht. Ich glaube jedoch nicht, dass dies der Fall ist, aus drei Gründen. Erstens hat man in jüngster Zeit bedeutende Fortschritte dabei erzielt, diese Halluzinationen zu minimieren. Zwar produziert ein rohes, vortrainiertes Modell noch häufig fehlerhafte Aussagen, doch durch intensives Nachtrainieren lässt sich erreichen, dass Modelle ihre Unsicherheiten besser kommunizieren. Vielleicht ist Ihnen schon einmal aufgefallen, dass ein Modell geantwortet hat: »Darüber weiß ich nicht genug, um Auskunft zu geben.« Diese Fähigkeit war in früheren Versionen deutlich weniger ausgeprägt. Durch gezieltes Nachtrainieren kann man Modellen beibringen, bei welchen Themen Halluzinationen besonders schwerwiegende Konsequenzen haben könnten. In solchen Fällen reagieren sie dann eher mit Vorsicht und empfehlen, sich an verlässliche Quellen zu wenden.

Zweitens lässt sich das Problem der Halluzinationen entschärfen, indem man Sprachmodelle mit anderen Systemen kombiniert. Lassen Sie mich erklären, was ich damit meine. Stellen Sie sich vor, Sie fragen einen Chatbot wie ChatGPT: »Was ergibt 234723 mal 6723?« Bei den ersten, noch ziemlich unausgereiften Versionen von ChatGPT bekamen Sie oft eine Antwort, die zwar plausibel klang, aber schlichtweg falsch war. Warum? Für Sprachmodelle sind unsere Eingaben nichts anderes als eine Abfolge von Wörtern beziehungsweise Tokens. Sie sind keine Rechner, sondern reine Sprachsysteme. Das Modell sucht einfach das Token, das statistisch am wahrscheinlichsten auf die Eingabe »Was ergibt 234 723 mal 6723?« folgt. Das Problem dabei: Es gibt kaum Texte im Internet, in denen genau diese beiden Zahlen miteinander multipliziert werden. Das Modell kann daher kein korrektes Ergebnis »aus den Daten« ziehen. Vergessen wir nicht, dass es lediglich die Beziehungen zwischen einzelnen Wörtern kennt. Es versteht weder die Bedeutung von Multiplikation noch die Logik der Mathematik. Doch wenn Sie heute dieselbe Frage an ChatGPT richten, erhalten Sie innerhalb kürzester Zeit meistens die korrekte Antwort: »Das Ergebnis von 234 723 mal 6723 ist 1 578 042 729.« Wie ist das möglich?

Die Antwort liegt darin, dass bei der Eingabe in ChatGPT zunächst erkannt wird, dass es sich um ein mathematisches Problem handelt. Die genauen Abläufe kennen wir nicht, aber es ist sehr wahrscheinlich, dass dabei ebenfalls KI zum Einsatz kommt – allerdings für eine andere Aufgabe: zu erkennen, worum es in der Anfrage des Nutzers geht. Wird festgestellt, dass es sich um eine mathematische Berechnung handelt, die ein Taschenrechner lösen könnte, wird ein Rechenprogramm aufgerufen, welches die Aufgabe übernimmt. Die korrekte Antwort wird anschließend an ein weiteres Sprachmodell übergeben, zusammen mit der Information, dass es sich dabei um die richtige Lösung handelt. Dieses Modell formuliert daraus einen vollständigen Satz, etwa: »Das Ergebnis von 234 723 mal 6723 ist 1 578 042 729«, und liefert diesen als Antwort zurück.

Drittens können moderne Chatbots inzwischen auch direkt auf das Internet zugreifen, was sich relativ leicht testen lässt, indem man etwas abfragt, das erst kürzlich geschehen ist.

Wie bereits erwähnt, basieren Sprachmodelle auf den Daten, mit denen sie trainiert wurden. Das bedeutet, dass ihr Wissen auf den Zeitraum vor dem Training beschränkt ist. Alles, was danach geschah, kann nicht in den Trainingsdaten enthalten und dem Modell daher auch nicht bekannt sein. Um herauszufinden, ob ein Modell auf das Internet zugreift, reicht es aus, eine Frage zu stellen, die sich auf ein sehr aktuelles Ereignis bezieht. In meinem Fall teste ich dies mit der Frage: »War Marcel Salathé jemals in der Sendung Arena zum Thema KI?« (»Arena« ist eine Diskussionsrunde des Schweizer Fernsehens SRF.) Da eine solche Sendung erst vor kurzem ausgestrahlt wurde, konnte das Modell diese Information nicht aus den Trainingsdaten gelernt haben. Wenn ich diese Frage in ChatGPT eingebe, lautet die Antwort: »Ja, Marcel Salathé, Co-Direktor des KI-Zentrums der EPFL Lausanne und Epidemiologe, nahm am 22. November 2024 an der SRF-Sendung ›Arena‹ zum Thema ›Künstliche Intelligenz – Wie verändert sie unser Leben?‹ teil.« Diese korrekte Antwort enthält zudem die Quelle, aus der die Information stammt. Auch hier zeigt sich, dass das eigentliche Sprachmodell nur ein Teil des ChatGPT-Systems ist. Für Aufgaben, die für Sprachmodelle bekanntermaßen schwierig sind – etwa die Bereitstellung von Echtzeitinformationen oder das Lösen mathematischer Probleme – werden andere Systeme hinzugezogen. Dies reduziert die Häufigkeit der Halluzinationen erheblich.

Und dennoch bleibt ein Teil des Problems bestehen, was uns zu einem wichtigen Punkt führt: Wir müssen lernen, damit umzugehen. Die Tatsache, dass KI-Sprachmodelle hin und wieder Fakten erfinden, ist inzwischen bekannt, und viele Nutzerinnen und Nutzer haben sich angewöhnt, deren Antworten kritisch zu hinterfragen. Das ist eine ungewohnte Haltung gegenüber einem Computerprogramm. Schließlich zweifelt niemand die Berechnungen eines Taschenrechners an. Aber eigentlich ist diese kritische Haltung gar nicht so schlecht. Auch bei herkömmlicher Software kann es Probleme geben: Ein Programm könnte fehlerhaft sein, oder bei einem ungewöhnlichen Ergebnis eines Taschenrechners könnte meine Eingabe falsch gewesen sein. Doch das Problem bleibt bestehen, und es ist ein grundlegendes: Ein KI-Modell versteht nicht wirklich. Es denkt nicht nach. Es bildet lediglich die gelernten Zusammenhänge zwischen Wörtern ab, ohne diese tatsächlich zu begreifen.

Aber Vorsicht: Aus der Tatsache, dass KI nicht wirklich versteht, zu schlussfolgern, sie sei deshalb nie vertrauenswürdig oder gar ungeeignet für Anwendungen, in denen keine Fehler passieren dürfen, wäre ein fataler Trugschluss. Denn obwohl die KI nicht denkt, liefert sie oft verblüffend korrekte Antworten. Verschiedene Studien, unter anderem an der EPFL, zeigen beispielsweise, dass Sprachmodelle bereits in der Lage sind, die meisten Fragen an Universitätsprüfungen richtig zu beantworten. Anders gesagt: Manche dieser Modelle könnten bereits einen Universitätsabschluss machen. Noch interessanter: Einige Prüfungsfragen wurden zwar falsch beantwortet, aber die Antworten klangen trotzdem erstaunlich plausibel. Kommt Ihnen das bekannt vor? Mir schon – ich erinnere mich an meine eigenen Prüfungen. Auch ich habe die meisten Fragen richtig beantwortet, und bei den restlichen versuchte ich, eine kreative, plausible Antwort zu geben, in der Hoffnung, sie könnte richtig sein. Dafür wurde ich mit einem Diplom belohnt; die KI hingegen erntet oft nur Spott.

Wir können den Spieß auch umdrehen und uns fragen: Können Halluzinationen auch nützlich sein? Erinnern wir uns daran, wie Sprachmodelle funktionieren: Nach einer Eingabe wählen sie Wörter aus, die statistisch gesehen am besten passen. Oft gibt es jedoch mehrere Wörter mit ähnlicher Wahrscheinlichkeit. Hier kommt eine Art »Würfeln« ins Spiel: Das Modell entscheidet sich zufällig für eines der am besten passenden Wörter. Genau das erklärt, weshalb Sie bei zweimaliger Eingabe derselben Frage leicht unterschiedliche Antworten erhalten. Dieses Zufallselement kann sogar eine Stärke sein, besonders wenn es darum geht, alternative Formulierungen für einen Satz zu finden. Hier wird Zufälligkeit zu einem hilfreichen Werkzeug. Und da Sprachmodelle die gesamte Landkarte der Wörter kennen, können sie mühelos Verbindungen zwischen ganz unterschiedlichen Bereichen dieser Karte herstellen – eine Fähigkeit, die wir beim Menschen als Kreativität bezeichnen würden.

Haben Sie sich schon einmal mit einem Sprachmodell unterhalten und bemerkt, dass die Künstliche Intelligenz plötzlich vergessen hat, was Sie kurz zuvor erwähnt haben? Viele sind überrascht, wenn sie erfahren, dass diese hoch entwickelte Technologie kein echtes Erinnerungsvermögen besitzt. Kein Wunder. Wir sind es gewohnt, dass Computer Dinge speichern können. Warum sollte also ausgerechnet diese fortschrittliche Computertechnologie dazu nicht in der Lage sein? Gehört Erinnerungsvermögen nicht untrennbar zur Intelligenz? Einen Menschen, der sich an nichts erinnern kann, würden wir kaum als intelligent bezeichnen. Diese Abwesenheit eines Gedächtnisses ist tatsächlich ein faszinierendes Problem der Sprachmodelle. Doch wie so oft bei technologischen Herausforderungen gibt es auch hier Lösungen – und diese haben potenziell weitreichende und äußerst spannende Konsequenzen, wie wir gleich sehen werden.

Das Kernproblem ist Folgendes: Ein Sprachmodell kann zwar auf eine Texteingabe antworten, doch für das Modell selbst ist der Prozess mit der Ausgabe abgeschlossen. Das Modell hat keine Möglichkeit, Informationen aus diesem Austausch dauerhaft zu speichern. Erinnern wir uns: Sprachmodelle sind große KI-Netzwerke mit Milliarden von Parametern, die eine Eingabe in eine Ausgabe umwandeln – mehr nicht. Nun fragen Sie sich vielleicht: Wie baut man mit einem solchen Modell überhaupt einen Chatbot? Zum einen möchten wir, dass sich der Chatbot daran erinnert, was ich vor ein paar Minuten gesagt habe. Andernfalls müsste ich bei jeder neuen Eingabe den gesamten Kontext erneut angeben – eine ziemlich mühsame Angelegenheit. Zum anderen wäre es wünschenswert, dass sich der Chatbot nicht nur während eines Gesprächs an vorherige Aussagen erinnert, sondern auch an Informationen aus früheren Unterhaltungen. Sonst müsste man jedes Mal wieder bei null anfangen. Wie lässt sich also ein Chatbot entwickeln, der beides kann?

Erinnern wir uns: Sprachmodelle nehmen eine Reihe von Wörtern als Eingabe und wählen daraus das nächste Wort aus, das am besten passt. Dieser Vorgang wiederholt sich Schritt für Schritt, bis eine vollständige Antwort entsteht. Gebe ich einem Sprachmodell zum Beispiel ein: »Hallo, mein Name ist Marcel«, verarbeitet das Modell diese Wörter und schlägt das nächste passende Wort als Ausgabe vor – etwa »Hallo«. Doch ein Chatbot, der nur mit einem einzigen Wort antwortet, wäre wenig hilfreich. Das Besondere dabei ist: Um das zweite Wort zu erzeugen, verwendet das Modell nicht nur die ursprüngliche Nachricht, sondern auch das erste bereits erzeugte Wort als zusätzlichen Teil einer neuen Eingabe. Es arbeitet also mit einer wachsenden Eingabe, zu der jedes neue Wort einzeln hinzugefügt wird. So entwickelt sich die Eingabe Schritt für Schritt:

Ursprüngliche Eingabe:
»Hallo, mein Name ist Marcel.«
Ausgabe: »Hallo«

Eingabe für das zweite Wort:
»Hallo, mein Name ist Marcel. Hallo«
Ausgabe: »Marcel«

Eingabe für das dritte Wort:
»Hallo, mein Name ist Marcel. Hallo, Marcel«
Ausgabe: »wie«

Eingabe für das vierte Wort:
»Hallo, mein Name ist Marcel. Hallo, Marcel, wie«
Ausgabe: »geht«

Dieser Prozess wird so oft wiederholt, bis das Modell entscheidet, dass die Antwort ausreicht. Am Ende sehe ich als Benutzer zwar die vollständige Antwort, zum Beispiel: »Hallo, Marcel, wie geht es Ihnen?« Doch im Hintergrund musste das Modell jedes Wort dieser Antwort einzeln berechnen. Anders als wir Menschen plant das Sprachmodell nicht den gesamten Satz im Voraus. Es »denkt« nicht in vollständigen Sätzen, sondern arbeitet sich Wort für Wort voran, wobei jedes neue Wort aufgrund aller vorherigen Wörter ausgewählt wird. Nur durch dieses schrittweise Vorgehen entstehen die zusammenhängenden und oft erstaunlich ausgereiften Sätze, die wir von modernen Sprachmodellen kennen.

Nun passiert etwas Faszinierendes: Nehmen wir an, ich kehre später zu diesem KI-Modell zurück und frage: »Wie heiße ich?« Die Antwort der KI wird lauten, dass sie leider keine Informationen über mich hat und daher meinen Namen nicht kennen kann. Warum? Wie bereits erwähnt, besitzt das KI-Modell kein eigenes Gedächtnis, keinen eingebauten Speicher. Wenn wir möchten, dass sich das Modell an etwas erinnert, müssen wir selbst dafür sorgen. Die einzige Eingabe, welche das Netzwerk verarbeiten kann, ist eine Abfolge von Wörtern. Wollen wir, dass sich das Modell etwas merkt, müssen wir diese Information bei jeder Eingabe erneut mitliefern.

Wenn Sie mit einem Chatbot wie ChatGPT interagieren, wird Ihr gesamtes Gespräch im Hintergrund fortlaufend an die Eingabe angehängt – natürlich ohne dass Sie als Benutzerin oder Benutzer dies merken. Mit der Zeit wird diese Eingabe immer länger: Zuerst sind es vielleicht einige Hundert Wörter, dann Tausende und in manchen Fällen sogar Zehntausende oder mehr. Dabei stellt sich eine berechtigte Frage: Kann das Netzwerk tatsächlich mit solch langen Texteingaben umgehen? Die Antwort lautet: Ja, dank der raffinierten Struktur des Netzwerks. Vielleicht erinnern Sie sich an die Bedeutung des Kürzels GPT: Generative Pre-trained Transformer. Der Begriff »Transformer« verweist auf eine bestimmte Netzwerkarchitektur, die es erlaubt, jedes Wort mit allen anderen Wörtern im Text in Beziehung zu setzen, unabhängig davon, an welcher Stelle im Text es steht. Nehmen wir zum Beispiel den folgenden Satz: »Der Mann schaute der Frau tief in die Augen und stellte sich vor, wie der Regen auf seinen Lederschuhen abperlen würde, ohne dabei Flecken zu hinterlassen. Er atmete tief durch, streckte die Hand aus, und bedankte sich bei …« Das Wort, das hier folgen sollte, ist »ihr«. Damit das Sprachmodell diese Verbindung herstellen kann, muss es den Bezug zu früheren Wörtern im Text erkennen; nämlich, dass der Mann sich nur bei der Frau bedanken kann. Diese Fähigkeit, Zusammenhänge über den gesamten Text hinweg zu erfassen, ist eine der großen Stärken der Transformer-Architektur.

Das Faszinierende an diesen auf Transformern basierenden KI-Modellen ist, dass die Textlänge, die sie verarbeiten können, stetig zunimmt. Als ChatGPT erstmals auf den Markt kam, war diese Länge auf einige Tausend Wörter beschränkt, und das galt bereits als äußerst beeindruckend. Kurz darauf erschienen Modelle, die Zehn- oder sogar Hunderttausende gleichzeitig verarbeiten konnten. Heute existieren KI-Modelle, die mit Millionen von Wörtern umgehen können. Das ist nicht nur ein interessantes Feature, sondern eröffnet völlig neue Möglichkeiten, ein Gedächtnis zu simulieren. Zum Vergleich: Ein Buch wie das, das Sie gerade lesen, umfasst etwas mehr als 50 000 Wörter. Modelle, die Millionen von Wörtern verarbeiten können, wären also in der Lage, mehrere Bücher gleichzeitig als Eingabe zu akzeptieren.

Erinnern Sie sich an unser Beispiel, in welchem ich dem Modell sagte: »Hallo, mein Name ist Marcel.« Das Modell antwortete daraufhin: »Hallo, Marcel, wie geht es Ihnen?« Wenn ich anschließend frage: »Wie heiße ich?«, wird diese neue Eingabe in einem modernen Chatbot-System wie ChatGPT nicht isoliert behandelt. Würde dies passieren, müsste das Sprachmodell nämlich eingestehen, dass es keine Information über meinen Namen hat. Stattdessen wird die neue Eingabe einfach an die gesamte bisherige Unterhaltung angehängt. Die eigentliche Eingabe lautet also nicht bloß »Wie heiße ich?«, sondern: »Hallo, mein Name ist Marcel. Hallo, Marcel, wie geht es Ihnen? Wie heiße ich?« Mit dieser erweiterten Eingabe kann der Chatbot problemlos antworten, dass mein Name Marcel ist.

Wie Sie sehen, entspricht die Länge des Textes, den ein Modell als Eingabe verarbeiten kann – das sogenannte Kontextfenster – einer Art temporärem Gedächtnis. Dieses Gedächtnis funktioniert jedoch nur während einer laufenden Unterhaltung. Sobald das Gespräch endet und ein neues beginnt, startet das Modell wieder bei null. Es hat keinerlei Verbindung zu früheren Interaktionen. Diese Vergesslichkeit wäre in der Praxis sehr mühsam. Deshalb haben Chatbot-Systeme wie ChatGPT clevere Lösungen entwickelt, um diese Schwäche zu umgehen. Wenn Sie beispielsweise die Desktop- oder Smartphone-Version von ChatGPT nutzen, haben Sie vielleicht bemerkt, dass bestimmte Informationen, wie Ihr Name oder Ihre Präferenzen, gespeichert werden. Man kann es nicht genug wiederholen: Das KI-Modell selbst verfügt über keine Speicherfähigkeit. Doch das Chatbot-System kann Informationen in Dateien ablegen und bei Bedarf darauf zugreifen. Diese Informationen werden dem KI-Modell bei neuen Interaktionen als Teil einer unsichtbaren Eingabe übermittelt, sodass die Benutzer sich nicht jedes Mal aufs Neue vorstellen müssen.

Warum ist dieses Verständnis wichtig? Es zeigt uns, wohin die Entwicklung führen könnte. KI-Sprachmodelle wählen zwar »nur« das nächste Wort aus, doch sie tun dies mit einer Präzision, die viele Menschen als erstaunlich oder sogar unheimlich empfinden. Wie kann es sein, dass die KI uns zu verstehen scheint? Ein entscheidender Faktor ist, dass die Kontextfenster, also die Menge an Informationen, die man einem Modell bei einer Anfrage mitgeben kann, immer größer werden. Kombiniert mit der Fähigkeit moderner KI, dank der Transformer-Architektur die Verknüpfungen zwischen allen Wörtern zu berechnen, entstehen daraus verblüffend leistungsfähige Antworten.

Stellen wir uns nun vor, diese Kontextfenster würden weiter wachsen. Das würde bedeuten, dass immer mehr Informationen in eine Anfrage einfließen könnten. Derzeit sind dies vor allem Inhalte aus vorherigen Gesprächen. Doch bald könnte die KI auch umfangreiche historische Daten über uns berücksichtigen. Stellen Sie sich zum Beispiel vor, dass eine KI Zugriff auf all Ihre E-Mails erhält. Machen wir eine kurze Abschätzung: Wer täglich fünfzig E-Mails mit durchschnittlich 300 Wörtern erhält und schreibt, sammelt über zehn Jahre rund fünfzig Millionen Wörter an. Werden Dateianhänge und weitere Inhalte einbezogen, verdoppelt sich diese Zahl rasch auf hundert Millionen. Stellen Sie sich nun vor, eine KI könnte bei jeder Anfrage all diese Informationen berücksichtigen. Sie wüsste, wie Sie in Tausenden E-Mail-Austauschen reagiert haben, welche Themen Ihnen wichtig sind und welchen Stil Sie bevorzugen. Diese Assistenz hätte Zugang zu einem umfassenden Wissen über Ihre Kommunikationsgewohnheiten und könnte Sie auf eine Weise unterstützen, die bisher unvorstellbar scheint.

Wir können unsere Vorstellungskraft noch etwas weiter ausdehnen. Ein Sprachmodell könnte theoretisch Zugang zu all unseren Gesundheitsdaten haben – von unserer genetischen Information in Form der DNA bis hin zu Daten über unser Verhalten, unsere sportlichen Aktivitäten, unseren Schlaf, unsere Ernährung oder alles andere, was wir über uns messen. Wenn Kontextfenster irgendwann Hunderte von Millionen oder sogar Milliarden Wörter verarbeiten könnten, würden sich Möglichkeiten eröffnen, die wir uns heute kaum vorstellen können. Ob solche riesigen Kontextfenster tatsächlich Realität werden, ist momentan unklar. Doch wenn wir bedenken, dass die Länge der Kontextfenster innerhalb von zwei Jahren von wenigen Tausend Wörtern auf Millionen gestiegen ist – ein

Wachstum um den Faktor Tausend – scheint es nicht unvorstellbar, dass wir eines Tages auch Milliarden erreichen könnten. Allerdings stellt sich die Frage, ob das überhaupt sinnvoll wäre. Vielleicht wäre es effizienter, den Modellen nur präzise Zusammenfassungen unserer Daten mitzugeben anstatt immer sämtliche Details. Darüber hinaus gibt es noch eine entscheidende Frage: Wie gehen wir mit der Privatsphäre um? Selbst wenn solche technischen Möglichkeiten realisierbar sind, müssen wir uns fragen, ob wir sie überhaupt wollen – und wenn ja, unter welchen Bedingungen und mit welchen Garantien, dass unsere Privatsphäre geschützt bleibt.

Ich hoffe, Sie erkennen nun, mit welch atemberaubendem Tempo sich Sprachmodelle entwickeln und wie sie funktionieren. Mit diesem Verständnis können wir besser einschätzen, wohin die Reise geht. Vor allem aber sind wir besser gerüstet, um uns mit Herausforderungen auseinanderzusetzen, die bereits jetzt Realität sind: etwa mit der Gefahr von Falschinformationen, Verzerrungen oder möglichen negativen Auswirkungen auf den Arbeitsmarkt. Gleichzeitig eröffnet uns dieses Wissen die Möglichkeit, darüber nachzudenken, wie wir diese Technologie für positive Zwecke einsetzen können, sei es für uns persönlich oder für die Gesellschaft. Das ist entscheidend, denn diese Technologie ist keine Zukunftsvision mehr. Sie ist bereits hier, im Heute und Jetzt. Und während wir noch darüber diskutieren, ob KI-Modelle wirklich verstehen können, entwickeln sie sich bereits zu etwas, das über unser traditionelles Verständnis von Verstehen hinausgeht. Vielleicht sollten wir uns weniger fragen, ob Maschinen wie Menschen denken können, und stattdessen mehr darüber nachdenken, wie wir Menschen in einer Welt zurechtkommen, in der Maschinen auf ihre ganz eigene Art denken.

5 Echte Fälschungen

In Gesprächen über Künstliche Intelligenz taucht eine Befürchtung besonders häufig auf: die Verbreitung von Falschinformationen. Der Grund dafür liegt in der Entwicklung moderner KI-Systeme, welche Daten nicht nur bearbeiten und einordnen, sondern auch selbst erstellen können. Diese Fähigkeit hat ihnen den Namen Generative KI eingebracht. Doch wo Inhalte generiert werden, entstehen auch Risiken: Die KI kann überzeugende, aber falsche oder irreführende Inhalte produzieren. Dieses Problem ist nicht neu – bereits Bildbearbeitungsprogramme wie Photoshop ermöglichen es, täuschend echte Fälschungen zu erstellen. Doch generative KI vereinfacht und beschleunigt diesen Prozess erheblich. Die Besorgnis wächst, dass wir in einer Flut aus plausibel klingenden, aber falschen Informationen ertrinken könnten. In diesem Kapitel werden wir deshalb die generativen Fähigkeiten der KI genauer betrachten, ihr Potenzial, falsche Informationen zu verbreiten, und vor allem, was wir dagegen tun können.

Bevor wir über die technischen Aspekte sprechen, sollten wir zunächst klären, was wir unter »Falschinformation« verstehen. Grundsätzlich meinen wir damit Informationen, die falsch oder irreführend sind. Oft wird der Begriff aber auch mit »Desinformation« verwechselt, doch es gibt einen wichtigen Unterschied: Während Falschinformation schlicht unrichtige Inhalte beschreibt, meint Desinformation die Verbreitung solcher Inhalte mit dem Ziel, jemanden absichtlich zu täuschen, sei es aus politischen, wirtschaftlichen oder anderen strategischen Gründen. Falschinformationen entstehen nicht immer absichtlich. Wahrscheinlich haben wir alle schon einmal unbewusst unrichtige Informationen weitergegeben. Es kann sogar vorkommen, dass wir etwas mit voller Überzeugung verbreiten, das sich später als falsch herausstellt. Doch das ist nicht per se problematisch, im Gegenteil: Die Fähigkeit, Fehler zu erkennen und Informationen zu korrigieren, ist eine zentrale Stärke jedes dynamischen und lernfähigen Systems. Kritisch wird es erst, wenn Falschinformationen gezielt zur Irreführung und Manipulation eingesetzt werden – also in Form von Desinformation.

In den letzten Jahren, vor allem mit dem Aufkommen der sozialen Medien und verstärkt durch die Coronapandemie, sind die Worte Falschinformation und Desinformation beinahe zu Kampfbegriffen geworden. Das ist problematisch. Natürlich gibt es eine Fülle von Falschinformationen, und gezielte Desinformationskampagnen sind eine reale Bedrohung. Doch wir sollten nicht vorschnell Ideen, mit denen wir nicht einverstanden sind, reflexhaft als Falschinformation abtun. Gerade in der Wissenschaft, die sich fortwährend mit neuen Daten und Erkenntnissen auseinandersetzt, sollte dieser Begriff mit großer Zurückhaltung verwendet werden. Ein Beispiel: Die Weltgesundheitsorganisation (WHO) bezeichnete im März 2020 die Behauptung, dass sich das Coronavirus über die Luft verbreitet, als Falschinformation. Schon kurze Zeit später stellte sich heraus, dass genau diese Übertragungsweise eine zentrale Rolle spielte. Diese voreilige Klassifizierung hatte fatale Folgen, denn sie verzögerte die breite Anerkennung der Luftübertragung und somit auch die Anpassung der Maßnahmen zur Pandemiebekämpfung.

Generative KI hat jedoch eine völlig neue Dimension der Falschinformation eröffnet – eine, die aufgrund ihrer emotionalen Wirkung besonders gefährlich ist. Stellen Sie sich beispielsweise ein Video vor, in dem ich nackt in einem Supermarkt einkaufe. Verzeihen Sie mir das Bild, das ich Ihnen damit in den Kopf setze, aber es illustriert gut, worum es geht. Ein solches Video wäre zweifellos eine Falschinformation, denn ich habe so etwas nie getan. Ein einfacher Brief, der dieselbe erfundene Situation beschreibt, wäre technisch gesehen ebenfalls eine Falschinformation. Doch während die schriftliche Behauptung vielleicht Zweifel oder Belustigung hervorrufen würde, löst das täuschend echte Video eine unmittelbare, verstörende emotionale Reaktion aus. Genau darin liegt die Herausforderung der generativen KI: Sie ermöglicht es, Falschinformationen mit einer scheinbaren Echtheit und emotionalen Intensität zu erzeugen, die wir bisher nicht kannten, und mit der wir erst umzugehen lernen müssen.

Generative KI wird auf Englisch »generative AI« oder kurz »GenAI« genannt. Handelt es sich dabei um etwas völlig Neues im Vergleich zu dem, was wir bisher besprochen haben? Nein, keineswegs. Die Sprachmodelle, die wir eben genauer betrachtet haben, sind perfekte Beispiele für generative KI: Sie generieren Text. Doch generative KI geht über Text hinaus. Inzwischen gibt es auch Modelle, die Bilder, Videos oder Audiodateien, etwa Stimmen, erzeugen können. Darauf werden wir später noch genauer eingehen, denn mit diesen Fähigkeiten steigt natürlich auch das Risiko, diese Technologien für problematische Zwecke zu missbrauchen.

Generative KI ist nicht nur spannend, weil sie unterschiedliche Arten von Inhalten erstellen kann, sondern auch, weil sie verschiedene Arten von Eingaben verarbeiten kann. Bei den

Sprachmodellen, die wir vorhin besprochen haben, waren sowohl die Eingabe als auch die Ausgabe immer Text. Doch genauso gut könnte die Eingabe ein Bild und die Ausgabe ein Text sein, zum Beispiel eine Beschreibung des Bildes. Das unterscheidet die generative KI von der klassischen Bilderkennung, bei der Bilder lediglich in vordefinierte Kategorien wie »Hund« oder »Katze« eingeordnet werden. Generative KI kann stattdessen einen vollständigen Beschreibungstext liefern, der viel flexibler und detaillierter ist als nur eine einzelne Bildkategorie. Sie können jedes beliebige Bild eingeben, und ein gut trainiertes Modell beschreibt Ihnen, was darauf zu sehen ist. Diese Fähigkeit ist enorm mächtig, da sie nicht auf festgelegte Kategorien beschränkt bleibt, sondern nahezu unbegrenzte Möglichkeiten bietet, Bilder zu interpretieren und zu beschreiben. Dasselbe gilt selbstverständlich auch für Videodaten. Es ist genau diese Fähigkeit, die uns bereits zuvor zu der prägnanten Feststellung geführt hat: Maschinen können sehen.

Diese Kombination aus unterschiedlichen Eingabe- und Ausgabearten eröffnet eine Vielzahl von Anwendungsmöglichkeiten. So könnten wir beispielsweise KI-Modelle trainieren, die als Eingabe eine Audiodatei, etwa eine Sprachaufnahme, erhalten und als Ausgabe den gesprochenen Text liefern. Solche Modelle gibt es heute bereits, wie etwa Whisper, ein bekanntes Modell von Open AI, das genau diese Aufgabe erfüllt. Beeindruckend ist dabei nicht nur die Genauigkeit, mit der diese Modelle mittlerweile arbeiten, sondern auch ihre Vielseitigkeit: Sie funktionieren in einer Vielzahl von Sprachen – inklusive Schweizerdeutsch. Falls Sie ein solches Modell noch nie ausprobiert haben, kann ich es Ihnen sehr empfehlen: Es ist verblüffend, mit welcher Genauigkeit und Natürlichkeit diese Modelle mittlerweile arbeiten, selbst wenn man vor Hintergrundgeräuschen oder mit starkem Akzent spricht. Wir können also unsere Aussage über die Fähigkeiten der Maschinen um einen weiteren Punkt ergänzen: *Maschinen können hören.*

Sie sehen, welche unglaubliche Vielfalt an Kombinationen plötzlich möglich wird. Doch das ist erst der Anfang. Wir können nicht nur entscheiden, was wir eingeben, sondern auch, in welcher Form wir das Ergebnis erhalten möchten, und sogar unterschiedliche KI-Modelle miteinander kombinieren. Ein Audio-zu-Text-Modell könnte beispielsweise meine Stimme in Text umwandeln, der anschließend an ein Text-zu-Bild-Modell weitergeleitet wird, das daraus ein Bild erstellt. Oder ein Bild könnte als Eingabe dienen, dessen Beschreibung von einem Sprachmodell in eine andere Sprache übersetzt wird, bevor ein Text-zu-Audio-Modell diese Übersetzung schließlich in gesprochener Form ausgibt, vielleicht sogar mit meiner eigenen Stimme. Ob diese Beispiele unmittelbar praktisch erscheinen, ist nebensächlich. Es existieren mit Sicherheit Tausende von Anwendungsfällen. Entscheidend ist, dass wir die nahezu unbegrenzten Möglichkeiten erkennen, die uns die generative KI eröffnet.

Bevor wir uns den gefährlichen Aspekten dieser neuen technologischen Möglichkeiten zuwenden, werfen wir zunächst einen Blick auf einige positive Anwendungen. Denn trotz aller berechtigten Bedenken eröffnet diese Technologie auch Chancen, das Leben vieler Menschen zu verbessern und kreative Prozesse zu bereichern. Besonders im Audiobereich zeigt sich eindrucksvoll, wie generative KI Menschen mit gesundheitlichen Einschränkungen unterstützen kann. Denken Sie etwa an Personen mit der Nervenerkrankung ALS oder anderen degenerativen Erkrankungen: Die Technologie ermöglicht es ihnen, ihre Stimme frühzeitig zu »konservieren«, sodass sie diese später weiterhin nutzen können – ein zutiefst persönlicher Aspekt ihrer Identität bleibt damit erhalten. Auch im kulturellen Bereich entstehen neue Möglichkeiten: So können beispielsweise Medien ihre Artikel automatisiert in natürlicher Sprache vorlesen lassen, entweder in der authentischen Stimme eines bestimmten Autors oder in einer Stimme, die von den Zuhörenden bevorzugt wird. Und für Menschen mit Sehbehinderungen kann diese Technologie eine wichtige Hilfe bieten: Texte können in natürlich klingende Sprache umgewandelt werden, was den Zugang zu Informationen und Literatur erheblich erleichtert.

Im Bereich der Bildgenerierung eröffnet die generative KI für viele Unternehmen und Kreativschaffende neue Möglichkeiten in der visuellen Kommunikation. Kleine Geschäfte können ihre Produkte in verschiedenen Umgebungen oder Farbvarianten präsentieren, ohne aufwendige und teure Fotoshootings durchführen zu müssen. Architekten können innerhalb von Sekunden verschiedene Gestaltungsmöglichkeiten ausprobieren und sichtbar machen, von unterschiedlichen Materialien über Beleuchtungskonzepte bis hin zu kompletten Raumaufteilungen. Diese Schnelligkeit beim Ausprobieren hilft ihnen dabei, neue Ideen direkt mit ihren Kunden zu besprechen. Auch in der Bildung zeigt sich, wie hilfreich generative KI sein kann: Lehrmaterialien lassen sich gezielt mit anschaulichen, kulturell passenden Bildern ergänzen, wodurch komplexe Inhalte verständlicher und lebendiger werden. (Dazu später noch mehr.) Ein weiterer wichtiger Anwendungsbereich ist die Unterstützung bei der Suche nach vermissten Personen: Die KI kann helfen, Bilder zu erstellen, die zeigen, wie eine Person heute aussehen könnte.

Die Videogenerierung schließlich eröffnet völlig neue Möglichkeiten in der personalisierten Kommunikation. Bei Schulungsvideos kann die KI nicht nur die Sprache übersetzen, sondern auch das Bild so anpassen, dass die Mundbewegungen genau zur neuen Sprache passen – es sieht also so aus, als würde die Person tatsächlich die andere Sprache sprechen. Für gehörlose und hörbehinderte Menschen lassen sich Nachrichtensendungen und Wetterberichte automatisch in Gebärdensprache übersetzen. Kleine Unternehmen profitieren von der Möglichkeit, professionell wirkende Werbevideos kostengünstig zu erstellen. Online-Modehändler können ihren Kundinnen und Kunden virtuelle Anproben anbieten, bei denen KI-Modelle anhand weniger persönlicher Angaben (zum Beispiel Körpergröße, Gewicht und Körperform) ein realistisches Abbild erstellen, das zeigt, wie ein Kleidungsstück an einem ähnlichen Körper aussehen würde. Das erleichtert nicht nur den Einkauf, sondern trägt auch dazu bei, dass weniger Kleider zurückgeschickt werden müssen.

All diese Anwendungen, von denen es Tausende gibt, sind bereits im Gebrauch. Oft sind sie noch relativ simpel oder befinden sich in einer Anfangsphase. Dennoch lässt sich leicht vorstellen, welche Möglichkeiten sich dadurch eröffnen. Die KI wird dabei zunehmend zu einem Teil des kreativen Prozesses. Diese Rolle wird jedoch oft missverstanden. Wenn generative KI Inhalte erstellen kann, scheint es auf den ersten Blick, als würde sie dem Menschen kreative Arbeit streitig machen. Doch wäre es nicht hilfreicher, generative KI als Verstärker unserer eigenen kreativen Fähigkeiten zu begreifen? Die meisten von uns sind keine professionellen Grafiker, Musikerinnen oder Schriftsteller, aber wir alle tragen kreative Anlagen in uns, wenn auch in ganz unterschiedlichen Ausprägungen. Generative KI kann uns helfen, dieses Potenzial noch besser zu entfalten. Sie macht kreative Ausdrucksformen zugänglicher, nicht nur für jene, die von Natur aus mit außergewöhnlichem Talent ausgestattet sind, sondern für uns alle.

Doch so hilfreich und faszinierend diese kreativen Anwendungen auch sind: Gerade ihre Einfachheit und Zugänglichkeit bergen Gefahren. Denn dieselbe Technologie, die Kreativität und Kommunikation fördert, lässt sich leider auch missbräuchlich einsetzen, etwa um gezielt falsche Eindrücke zu erzeugen oder bewusst zu täuschen. Wenn es so einfach ist, realistisch wirkende Texte, Bilder, Videos und Stimmen zu erstellen und beliebig miteinander zu kombinieren – was hindert Kriminelle daran, sich gezielt als jemand anderen auszugeben? Vielleicht haben Sie schon von den Horrorszenarien gehört: Ein Familienmitglied ruft Sie völlig aufgelöst an und bittet dringend um Geld, weil es einen Unfall hatte. Die Stimme klingt echt, die Fotos und Videos, die Sie sehen, wirken überzeugend – doch alles ist generiert, in einer Qualität, die es Ihnen unmöglich macht, die Täuschung zu erkennen. Vielleicht sehen Sie in den sozialen Medien ein Video eines Profisportlers, den Sie eigentlich bewundern, wie er extrem rassistische oder sexistische Aussagen macht. Entsetzt wenden Sie sich ab und schließen innerlich mit diesem widerlichen Typen ab. Das einzige Problem: Das Video ist eine Fälschung, er hat das nie gesagt. Oder nehmen Sie gefälschte intime Videos von Politikerinnen und Politikern, ein erschreckend häufiges Phänomen mit dem Namen Deepfake-Pornografie, das besonders oft gegen Frauen eingesetzt wird, um ihre Glaubwürdigkeit zu untergraben und sie aus dem öffentlichen Leben zu drängen. Selbst wenn sich später herausstellt, dass das Material KI-generiert war: Der Schaden ist dann meist schon angerichtet. Oder stellen Sie sich vor, Sie selbst werden Opfer einer solchen Kampagne: Sie erhalten ein täuschend echt wirkendes Video, das Sie in einer komplett erfundenen, aber verstörenden Situation zeigt, begleitet von einer Erpressung: »Überweisen Sie Geld, oder wir veröffentlichen es.« Wie reagieren Sie, wenn das Material so überzeugend wirkt, dass selbst Ihre engsten Freunde, Ihre Familie oder Ihr Arbeitgeber einen Moment daran zweifeln werden?

Diese Beispiele sind leider keine Zukunftsszenarien mehr – sie passieren bereits heute, jetzt, in diesem Moment. Sie betreffen nicht nur gewöhnliche Menschen wie Sie und mich, sondern auch globale Stars, Spitzenpolitikerinnen, religiöse Führer oder Unternehmerinnen. Es ist eine schlimme Sache, wenn sich jemand als Familienmitglied ausgibt und versucht, Geld von mir zu erpressen. Doch es ist noch mal etwas ganz anderes, wenn sich jemand als ein bekannter religiöser Führer ausgibt und in einem scheinbar echten Video zu weltweiter Gewalt aufruft. Oder wenn ein täuschend echtes Video auftaucht, in dem Spitzenpolitiker zu einem Putsch aufrufen, und dieses viral geht, bevor jemand die Fälschung entlarven kann. Ebenso gefährlich könnten manipulierte Videos von Konzernchefs sein: Stellen Sie sich vor, ein gefälschtes Video zeigt einen CEO, der zugibt, dass sein Unternehmen kurz vor dem Bankrott steht oder dass Produkte gesundheitsgefährdend sind. Noch bevor dieses Video als Fälschung entlarvt werden kann, gerät die Börse in eine Abwärtsspirale. Oder denken Sie an humanitäre Krisen: Ein manipuliertes Video einer hochrangigen UN-Vertreterin, die behauptet, Hilfslieferungen seien vergiftet, könnte dazu führen, dass Menschen lebensnotwendige Hilfe ablehnen.

Manipulationen von Informationen ziehen sich wie ein roter Faden durch die Menschheitsgeschichte. Von den sonnendurchfluteten Tempeln des alten Ägyptens, wo Ramses II. die Schlacht von Kadesch als großen Sieg in Stein meißeln ließ, obwohl sie eigentlich in einem Patt endete, bis zu den klimatisierten Sitzungssälen des UNO-Sicherheitsrats, wo die USA unter dem damaligen Präsidenten George W. Bush 2003 vermeintliche Geheimdienstberichte über angebliche Massenvernichtungswaffen im Irak präsentierten – gestützt auf scheinbar eindeutige Satellitenbilder und mit einem verheerenden Krieg als Folge. Was diese Episoden über Jahrtausende hinweg verbindet, ist der enorme Zeit- und Ressourcenaufwand, der nötig war, um die Manipulation glaubhaft zu machen. Die neue Dimension durch KI besteht darin, dass heute praktisch jede Person mit wenigen Klicks überzeugende Fälschungen erstellen kann. Diese können sich dann über soziale Medien in rasantem Tempo weltweit verbreiten.

Wie gehen wir mit dieser neuen Welt um? Natürlich: Man soll nicht alles glauben. Ein offensichtliches Beispiel ist das berüchtigte E-Mail eines »nigerianischen Prinzen«, der uns Hunderttausende von Euros verspricht, wenn wir ihm nur helfen. Solche Betrugsversuche sind meist leicht zu entlarven. Doch bei sorgfältig gestalteten E-Mails, bei denen sich die Absender als bekannte Unternehmen ausgeben, wird es schon schwieriger. Und wenn es dann um Bilder, Videos und Stimmen von Menschen geht, die wir kennen, wird die Täuschung perfekt – so perfekt, dass sie direkt unser emotionales Zentrum im Gehirn ansprechen, bevor wir sie hinterfragen. Noch nie in unserer Geschichte mussten wir uns mit Täuschungen auf diesem Niveau auseinandersetzen. Bilder, Videos und Stimmen von Freunden und Familie waren bisher immer echt. Und Fälschungen prominenter Persönlichkeiten waren so offensichtlich, dass man sie leicht durchschauen konnte. Doch diese Welt wird es nicht mehr geben. Wir müssen uns darauf einstellen, dass alles – wirklich alles – täuschend echt gefälscht werden kann. Die Grenze zwischen Realität und Illusion wird zunehmend schwieriger zu erkennen sein.

Niemand möchte in einer solchen Welt leben. Deshalb müssen wir Wege finden, um mit diesem Problem umzugehen. Ein pauschales Verbot der KI-Technologie mag auf den ersten Blick wie eine Lösung erscheinen, erweist sich bei näherer Betrachtung jedoch als höchst problematisch. Anders als bei Nuklear- oder bestimmten Biotechnologien, die spezialisierte Labore, seltene Materialien und erhebliche Infrastruktur benötigen, ist die grundlegende KI-Technologie im Kern Mathematik und Software. Sie lässt sich immer mehr auch mit handelsüblichen Computern betreiben und ist bereits global verfügbar. Wie wir wissen, basieren diese Systeme auf neuronalen Netzwerken; ihre Fähigkeiten hängen von den Milliarden Parametern ab, die sie steuern. Wie sollte man so etwas kontrollieren oder gar verbieten? Es wäre, als wollte man Mathematik oder grundlegende Physikgesetze verbieten. Wir brauchen andere Lösungen.

Ein naheliegender Lösungsansatz wäre, Fälschungen mithilfe von Technologie zu erkennen. Auf den ersten Blick klingt das vielversprechend: Wenn Technologie uns täuschend echte Fälschungen erstellen lässt, sollte sie doch auch in der Lage sein, diese zu entlarven, oder? Leider ist die Realität komplizierter. Als ChatGPT auf den Markt kam und sich rasch unter Schülern und Studierenden verbreitete, entstanden schnell Dienste, die vorgaben, KI-generierte Texte erkennen zu können. Doch schon bald zeigte sich, dass diese Erkennung oft unzuverlässig war. Das eigentliche Risiko besteht darin, dass solche Systeme unschuldige Menschen fälschlicherweise beschuldigen könnten, KI verwendet zu haben. Selbst bei hoher Wahrscheinlichkeit einer Fälschung bleibt die Beweisführung schwierig. Wie will man zweifelsfrei nachweisen, dass ein Text von einer KI stammt? Jeder könnte schlicht behaupten, zufällig in einem ähnlichen Stil wie die KI geschrieben zu haben. Das Gleiche gilt für Bilder und Videos: Von der Vorstellung, Fälschungen zuverlässig erkennen zu können, müssen wir uns verabschieden – die Qualität ist mittlerweile schlicht zu hoch.

Wenn eine sichtbare Unterscheidung zwischen echt und falsch nicht möglich ist, dann vielleicht eine unsichtbare? Lassen Sie mich erklären, was ich damit meine. Sie kennen wahrscheinlich das Prinzip der Wasserzeichen: kleine, kaum zu erkennende Markierungen, die beispielsweise in Papier eingearbeitet sind und die Echtheit eines Dokuments belegen. Ihre Geldscheine etwa besitzen solche Wasserzeichen, die erst sichtbar werden, wenn Sie sie gegen das Licht halten. Gleiches gilt für viele Ausweisdokumente. Diese Wasserzeichen ermöglichen es der ausstellenden Institution – etwa der Zentralbank oder dem Passamt – die Echtheit des Dokuments zu garantieren. Ein ähnliches Prinzip lässt sich auch digital umsetzen. Digitale Dokumente, zum Beispiel Textdateien, können vollkommen unsichtbare Daten enthalten, die ihre Herkunft belegen – ein Konzept, das längst in der Praxis angewendet wird. Doch hier geht es nicht um die bekannten Metadaten (dazu später mehr), sondern darum, Texte so zu generieren, dass der Hersteller eines Sprachmodells nachweisen kann, ob ein Text von seinem Modell stammt.

Nehmen wir als konkretes Beispiel Gemini, das Sprachmodell von Google. Ähnlich wie die GPT-Modelle von OpenAI ist Gemini ein neuronales Netzwerk mit Milliarden von Parametern, das Texte generieren kann. Sie erinnern sich: Sprachmodelle erzeugen Texte, indem sie Wort für Wort auswählen und dabei oft mit einem Hauch von Zufall arbeiten. Deshalb entstehen selbst bei identischen Eingaben unterschiedliche Varianten einer Antwort – was ja auch nachvollziehbar ist, denn oft gibt es mehrere Wege, dasselbe auszudrücken. Google hat jedoch eine Methode entwickelt, diesen Auswahlprozess subtil zu beeinflussen. Durch diesen leichten, aber gezielten Eingriff wird die Auswahl der Wörter nicht mehr rein zufällig getroffen, sondern folgt einem kaum wahrnehmbaren Muster. Dieses Muster ist für den menschlichen Leser unsichtbar, doch Google kann erkennen, ob ein Text dieses spezifische Muster enthält. Es spielt dabei keine Rolle, ob der Text kopiert wurde oder in welchem Dateiformat er vorliegt. Das Muster ist direkt im Inhalt des Textes eingebaut, und zwar durch die subtil gesteuerte Wortwahl.

Ganz schön clever, denken Sie vielleicht – und da gebe ich Ihnen recht. Doch das Ganze hat natürlich einen Haken: Das Muster lässt sich relativ einfach entfernen. Sie könnten zum Beispiel einen Text, der von Gemini generiert wurde, einem anderen Sprachmodell geben und darum bitten, ihn leicht umzuschreiben. Der Inhalt bliebe dabei weitgehend gleich, doch das Muster wäre verschwunden. Diese Methode ist also keineswegs absolut sicher, dennoch ist sie ein erster Schritt, um KI-generierte Inhalte als solche zu kennzeichnen. Wir dürfen jedoch auch die möglichen Nachteile nicht außer Acht lassen. Zum einen würden sich Kriminelle wohl kaum auf KI-Modelle verlassen, von denen bekannt ist, dass sie solche Methoden verwenden. Zum anderen könnten auch positive Anwendungen plötzlich in ein schlechtes Licht geraten. Stellen Sie sich vor, Sie verfassen einen Text und lassen ihn anschließend von einem KI-Modell, das diese Methode nutzt, stilistisch verbessern oder übersetzen. Könnten Sie später in eine Situation geraten, in der Sie sich rechtfertigen müssen, warum ein Text von einer KI bearbeitet wurde, obwohl die Inhalte ursprünglich von Ihnen stammen? Viele dieser Fragen sind noch ungeklärt, und es ist dringend notwendig, dass wir als Gesellschaft bald Lösungen und klare Regeln für den Umgang mit solchen Technologien finden. Wir werden später noch vertieft auf diese Fragen eingehen.

Bleiben wir beim Problem der absichtlichen Täuschungen. Wir haben gerade einen Ansatz kennen gelernt, um KI-generierte Inhalte als solche zu kennzeichnen. Noch spannender ist aber der umgekehrte Weg: nicht die Künstlichkeit nachzuweisen, sondern die Echtheit von Inhalten. Dabei geht es nicht darum, den Inhalt zu verändern, sondern ihm eine Art digitalen Ausweis mitzugeben – sogenannte Metadaten, also Daten über die Daten. Diese Metadaten zeichnen die Geschichte eines digitalen Inhalts auf, ähnlich einem Logbuch. Machen wir ein Beispiel: Sie nehmen ein Foto mit Ihrem Smartphone auf. Automatisch werden Informationen wie Zeitpunkt, Ort und das verwendete Gerät gespeichert. Wenn Sie später einen Filter hinzufügen, wird diese Bearbeitung ebenfalls dokumentiert. Bearbeiten Sie das Bild anschließend mit einer Software auf Ihrem Laptop, wird auch diese Änderung festgehalten. Diese Informationen werden zwar verschlüsselt, doch wie bei allen digitalen Systemen gibt es keine hundertprozentige Sicherheit gegen Manipulation. Trotzdem erschwert das System das Fälschen deutlich: Je mehr vertrauenswürdige Zwischenschritte dokumentiert sind, desto schwieriger wird es, die Geschichte des Bildes zu manipulieren.

Ein weiterer vielversprechender Ansatz zur Lösung dieses Problems stammt aus einer ganz anderen Ecke der Technologie: der sogenannten Blockchain. Doch was genau ist eine Blockchain eigentlich? Stellen Sie sich ein öffentliches Protokollbuch vor, das von Tausenden Menschen gleichzeitig geführt wird. Jeder neue Eintrag wird von allen Beteiligten geprüft und anschließend unveränderlich festgehalten – niemand kann ihn später heimlich ändern oder löschen. Genau das ist die Grundidee einer Blockchain: ein digitales System, das auf sehr vielen Computern gespeichert ist und in dem Informationen fälschungssicher abgelegt werden können. Im Gegensatz zu den bisher besprochenen Methoden, bei denen Gerätehersteller oder KI-Unternehmen die Echtheit oder Künstlichkeit von Inhalten garantieren, legt die Blockchain-Technologie die Kontrolle in die Hände der Nutzerinnen und Nutzer selbst. Das Prinzip ist einfach: Jeder kann einen digitalen Fingerabdruck erstellen. Mit diesem Fingerabdruck lassen sich digitale Inhalte unterschreiben, und diese Unterschrift wird dann dauerhaft in der Blockchain gespeichert.

Ein Beispiel verdeutlicht dies: Sie verfassen einen wichtigen Text oder erstellen ein Video. Bevor Sie den Inhalt veröffentlichen, versehen Sie ihn mit Ihrem persönlichen digitalen Fingerabdruck. Diese Unterschrift beweist: »Ja, dieser Inhalt stammt von mir.« Sollte später jemand behaupten, Sie hätten etwas anderes geschrieben oder gesagt, können Sie auf die Blockchain verweisen. Dort ist die ursprüngliche Version Ihres Inhalts unveränderlich dokumentiert und mit Ihrer Unterschrift versehen. Besonders nützlich ist dieser Ansatz für Menschen des öffentlichen Lebens. Eine Politikerin könnte beispielsweise alle ihre offiziellen Statements digital unterzeichnen. Taucht später ein manipuliertes Video auf, in dem sie angeblich kontroverse Aussagen trifft, kann sie belegen: »Das habe ich nie autorisiert.« Dasselbe gilt für Journalistinnen und Journalisten, die ihre Artikel beglaubigen, oder für Unternehmen, die offizielle Mitteilungen absichern möchten. Die Blockchain schafft damit im digitalen Zeitalter etwas von unschätzbarem Wert: die

Möglichkeit, die eigene digitale Identität und Stimme zu schützen und glaubhaft zu beweisen: »Das bin wirklich ich.«

Wir sehen also: Einerseits öffnet sich hier eine verrückte Welt, in der dank KI gefälschte Inhalte von echten kaum mehr zu unterscheiden sind. Andererseits bietet uns die Technologie auch Mittel, damit umzugehen. Doch seien wir ehrlich: Dies wird wohl immer ein Katz-und-Maus-Spiel bleiben. Kaum entwickeln wir eine technische Lösung zur Erkennung von Fälschungen, finden die Fälscher neue Wege, diese zu umgehen. Darauf werden wir wiederum mit neuen technologischen Ansätzen reagieren – und so weiter und so fort. Während dieses technologische Wettrüsten seinen Lauf nimmt, sollten wir allerdings nicht vergessen, auch unsere eigene Intelligenz zu nutzen, um mit diesen Herausforderungen umzugehen. Was können wir konkret tun, um uns vor Manipulation zu schützen? Drei bewährte Strategien helfen dabei: mehrere Quellen prüfen, besonders bei aufwühlenden Nachrichten; auf die eigenen emotionalen Reaktionen achten, da starke Gefühle uns anfälliger für Täuschungen machen; und mit engen Vertrauten ein Codewort vereinbaren, das im Zweifel als Echtheitsbeweis dient.

Diese Strategien mögen einfach klingen, doch sie erfordern etwas, das in einer sich immer schneller verändernden Welt zunehmend kostbar wird: Zeit zum Nachdenken. Zeit, um innezuhalten und zu prüfen, ob etwas echt ist oder nicht. Natürlich wird uns die Technologie dabei unterstützen, sei es durch digitale Wasserzeichen, Blockchain-Signaturen oder neue Verifizierungsmethoden, die wir heute noch gar nicht kennen. Doch vielleicht liegt in dieser Entwicklung auch eine unerwartete Chance: In einer Welt, in der nichts mehr zweifelsfrei als echt angenommen werden kann, lernen wir wieder, genauer hinzuschauen. Statt Informationen gedankenlos zu konsumieren, müssen wir uns Zeit nehmen, sie zu prüfen und zu hinterfragen. Was zunächst wie ein Verlust wirkt – das blinde Vertrauen in Bilder, Videos und Stimmen – könnte uns zu einer neuen Form der Aufmerksamkeit führen. Einer Aufmerksamkeit, die wir in der Flut digitaler Ablenkungen längst verloren geglaubt hatten.

6 Freie Sicht auf blinde Flecken

Sie kennen sicher die Geschichte von Schneewittchen, in der die Königin ihren magischen Spiegel jeden Tag fragt: »Spieglein, Spieglein an der Wand, wer ist die Schönste im ganzen Land?« Solange der Spiegel antwortet, was sie hören möchte, ist ihre Welt in Ordnung. Doch eines Tages spricht der Spiegel eine unerwünschte Wahrheit aus – und die Geschichte nimmt eine düstere Wendung. Das Problem liegt dabei nicht beim Spiegel, denn dieser sagt nur die Wahrheit. Das eigentliche Problem ist die Wahrheit selbst.

Auch KI-Modelle funktionieren wie ein Spiegel. Wie wir in den vorherigen Kapiteln gesehen haben, bestehen diese Modelle aus riesigen neuronalen Netzwerken mit Milliarden von Parametern, die durch das Training mit enormen Datenmengen eingestellt werden. Diese Parameter bestimmen, welche Wörter häufig gemeinsam auftreten, welche Konzepte miteinander verbunden sind und welche Bilder zu welchen Beschreibungen passen. Sie spiegeln die Muster in den Trainingsdaten wider, sowohl die guten als auch die schlechten. Wenn diese Daten aus dem Internet oder historischen Quellen stammen, übernehmen die rohen, vortrainierten KI-Netzwerke zwangsläufig auch die darin enthaltenen Vorurteile. Denn diese Vorurteile sind keine zufälligen Fehler im System, sondern der Abdruck unserer eigenen gesellschaftlichen Voreingenommenheiten.

Lassen Sie uns anhand zweier Beispiele betrachten, wie sich solche Vorurteile in der Praxis zeigen können. Stellen Sie sich vor, ein großes Unternehmen möchte seine Personalauswahl modernisieren und setzt dafür KI ein. Das System soll aus Tausenden von Bewerbungen die vielversprechendsten Kandidatinnen und Kandidaten herausfiltern. Um der KI beizubringen, was einen erfolgreichen Mitarbeiter ausmacht, wird sie mit den Lebensläufen derjenigen trainiert, die in den letzten zwanzig Jahren im Unternehmen tätig waren. Auf den ersten Blick scheint das sinnvoll, schließlich zeigen diese Daten, wer sich im Unternehmen bewährt hat. Doch bald offenbart sich ein Problem: Bei Bewerbungen für Führungspositionen bevorzugt das System systematisch männliche Kandidaten. Diese Voreingenommenheit hat die KI direkt aus den historischen Daten übernommen – sie spiegelt damit einfach die Realität der Vergangenheit wider, eine Realität, in der Frauen seltener Zugang zu Führungspositionen hatten. So wird ausgerechnet die neueste Technologie zum Werkzeug, um alte Muster in die Zukunft zu übertragen.

Eine ähnliche Problematik zeigt sich bei der Bildgenerierung. Wenn Sie eine KI bitten, Bilder von »erfolgreichen Geschäftsleuten« zu erstellen, werden Sie vor allem Männer in Anzügen sehen. Fragen Sie hingegen nach »Krankenpflegepersonal«, entstehen überwiegend Bilder von Frauen. Die KI hat diese Zuordnungen aus Millionen von Fotos und deren Beschreibungen im Internet gelernt. Sie hält uns dadurch einen Spiegel vor und zeigt uns die Rollenbilder, die in unserer Gesellschaft vorherrschen, oder zumindest bis vor kurzem vorherrschten. Diese Beispiele verdeutlichen ein grundlegendes Prinzip: Wenn wir KI-Systeme mit historischen Daten trainieren, übernehmen sie sämtliche darin enthaltenen Muster – sowohl die erwünschten als auch die unerwünschten.

Diese Beispiele mögen ernüchternd klingen. Doch zum Glück gibt es Möglichkeiten, solche unerwünschten Muster zu korrigieren. Wie wir in Kapitel 3 gesehen haben, durchlaufen KI-Modelle zwei Trainingsphasen. Zuerst kommt das Vortraining auf riesigen Datenmengen aus dem Internet. Hier lernt das Modell grundlegende Zusammenhänge, übernimmt dabei aber auch problematische Muster aus den Daten. Danach folgt das Nachtrainieren, das wir als eine Art Erziehung oder Ausbildung beschrieben haben. Die rohen, vortrainierten Modelle entsprechen dabei gewissermaßen einem technologischen Gehirn bei seiner Geburt – voller Potenzial, aber noch ungeformt. Durch gezieltes Nachtrainieren können wir dem Modell beibringen, wie es sich verhalten soll. Dazu gehört auch, unerwünschte Muster wie die oben beschriebenen Vorurteile systematisch zu korrigieren. Doch Vorsicht: Obwohl dies technologisch möglich ist, gestaltet sich die praktische Umsetzung oft deutlich komplizierter.

Natürlich wollen wir verhindern, dass problematische Muster weiterverbreitet werden. Doch hier beginnt das eigentliche Dilemma: Welche Muster genau gelten als problematisch, und wer entscheidet das? Gesetze geben zwar manchmal Orientierung, doch selbst gesetzliche Regelungen beruhen letztlich auf gesellschaftlichen Wertvorstellungen. In manchen Fällen mag es einen breiten gesellschaftlichen Konsens geben. In vielen westlichen Gesellschaften besteht beispielsweise Einigkeit darüber, dass niemand aufgrund seines Geschlechts benachteiligt werden sollte. Dieser Konsens existiert jedoch noch nicht lange, und gerade deshalb finden sich in den Daten starke Muster von Geschlechtsdiskriminierung, die wir aus den Modellen entfernen möchten. Aber ist dieser Konsens universell? Auch wenn ich mir das persönlich wünschen würde, muss ich anerkennen, dass das nicht überall auf der Welt der Fall ist. Was tun wir also? Zwingen wir die Hersteller von KI-Modellen, unseren Wertekanon zu übernehmen und diesen weltweit allen Nutzerinnen und Nutzern aufzudrängen? Haben wir überhaupt die Macht dazu? Dabei ist die Geschlechterdiskriminierung, die wir heute ablehnen, vermutlich noch einer der einfacheren Fälle. Bei vielen anderen Themen fehlt oft ein klarer Konsens. Was für die einen normal und erstrebenswert ist, empfinden andere als diskriminierend oder anstößig. Wie gehen wir mit solchen Grauzonen um? Und noch drängender: Wer sollte entscheiden, und wer hat überhaupt das Recht oder die Macht, solche Entscheidungen zu treffen?

Darüber hinaus gibt es ein weiteres Problem: Historische Daten mögen Muster enthalten, die wir heute nicht mehr als wünschenswert betrachten, doch sie spiegeln immerhin vergangene Realitäten wider. Wenn wir beim Nachtrainieren zu weit gehen, entfernen wir zwar unerwünschte Muster, verzerren dabei aber ebenso unbeabsichtigt die Realität. Ein bekanntes Beispiel ist eine Version des Gemini-Modells von Google, die so stark auf Diversität nachtrainiert wurde, dass sie historische Fakten verfälschte. Das System generierte Bilder von Nazi-Offizieren mit dunkler Hautfarbe – ein wohl gut gemeinter Versuch, Vielfalt zu fördern, der jedoch die historische Wahrheit vollkommen ignorierte.

Wenn es um die Entfernung unerwünschter Muster aus KI-Modellen geht, lautet die wichtigste Frage: Geht das überhaupt? Kurz gesagt: Technisch ist es machbar – aber Ihr KI-Modell hat leider keine Packungsbeilage mit Hinweisen zu Risiken und Nebenwirkungen. Wer an einer Stelle etwas optimiert, muss sich oft an einer anderen mit unerwarteten Folgen herumschlagen. Das liegt unter anderem daran, dass wir von modernen KI-Modellen extrem viel verlangen: Sie sollen praktisch zu jedem Thema funktionieren. Ein Sprachmodell soll in der Lage sein, Diskussionen zu allen erdenklichen Themen zu führen. Es ist daher verständlich, dass eine Korrektur in einem Bereich unerwünschte Auswirkungen auf einen anderen Bereich haben kann. Bei sehr spezialisierten KI-Anwendungen ist dieses Problem leichter zu bewältigen. Eine KI zum Beispiel, die ausschließlich Lebensläufe analysiert, sollte nicht nach Geschlecht diskriminieren. Wenn man sie durch Nachtrainieren davon abhält, ist das Problem weitgehend gelöst. Das Risiko von Nebenwirkungen bleibt gering, weil die KI nur eine spezifische Aufgabe erfüllt. Doch da die Entwicklung immer stärker in Richtung universeller KI-Modelle geht – also Modelle, die vielfältig einsetzbar sind –, wird auch die Herausforderung, problematische Muster zu entfernen, weiterhin schwierig bleiben.

Wir dürfen hier aber nicht vergessen, dass wir über ein Problem sprechen, das bei Maschinen zwar herausfordernd, in menschlichen Gesellschaften jedoch noch viel schwieriger ist. Lassen Sie mich ein Beispiel geben: Stellen Sie sich vor, eine Behörde diskriminiert unbewusst Frauen im Alter zwischen vierzig und fünfzig Jahren bei der Bewilligung von Sozialleistungen. Eine umfassende Analyse aller Daten würde vielleicht zeigen, dass diese Gruppe rund zehn Prozent weniger Bewilligungen erhält als vergleichbare Antragsteller. Doch genau hier liegt das Problem: Eine solche Diskriminierung ist in der Praxis kaum nachweisbar. In einer Behörde mit Dutzenden von Mitarbeitenden, die über Jahre hinweg Tausende von Anträgen bearbeiten, bleiben derartige leichte Verzerrungen oft unentdeckt. Wären alle Anträge von Frauen abgelehnt worden, wäre das sofort aufgefallen. Ebenso wäre es offensichtlich, wenn alle Frauen zwischen vierzig und fünfzig Jahren benachteiligt würden. Aber eine Abweichung von zehn Prozent in einer bestimmten Altersgruppe? Ohne Zugang zu allen Daten und deren systematische Analyse bleibt eine solche Ungleichbehandlung praktisch unsichtbar.

Bei KI-Systemen hingegen lassen sich solche Verzerrungen von Anfang an überprüfen. Noch bevor ein System eingesetzt wird, kann mithilfe gezielter Tests genau analysiert werden, ob die KI bei sonst identischen Anträgen bestimmte Gruppen bevorzugt oder benachteiligt. Der entscheidende Vorteil dabei: Man kann in kürzester Zeit Hunderttausende fiktive, aber realistische Testfälle durchspielen, ohne dass echte Menschen betroffen sind. Werden dabei problematische Muster erkannt, lassen sie sich durch Nachtrainieren korrigieren. Das System muss also nicht erst jahrelang diskriminieren, bevor das Problem auffällt. Man kann es von Anfang an vermeiden. Das ist ein enormer Vorteil gegenüber menschlichen Systemen, bei denen selbst nach der Entdeckung einer Diskriminierung die Änderung eingefahrener Verhaltensmuster oft Jahre oder sogar Generationen dauert. Technologie gibt uns hier die Möglichkeit, Vorurteile nicht nur schneller zu erkennen, sondern auch effizienter zu beseitigen oder sogar ganz zu verhindern.

Ein konkretes Beispiel zeigt, wie KI-Systeme dabei helfen können, versteckte Vorurteile aufzudecken und zu korrigieren. Ein amerikanisches Spital setzte ein System ein, das Patientinnen und Patienten nach ihrem Gesundheitsrisiko einstufte. Diese Einstufung wurde genutzt, um zu entscheiden, wer zusätzliche medizinische Betreuung erhalten sollte. Forschende entdeckten, dass das System schwarze Patienten systematisch als weniger risikobehaftet einstufte als weiße Patienten mit vergleichbaren Symptomen. Der Grund dafür war, dass das System auf historischen Gesundheitsausgaben trainiert wurde, und da schwarze Patientinnen und Patienten statistisch weniger Geld für Gesundheitsversorgung ausgaben, stufte das System ihr Risiko als niedriger ein. Diese Verzerrung konnte durch eine Anpassung des Systems rasch behoben werden – ein Beispiel dafür, wie solche Technologie nicht nur transparent gemacht, sondern auch schnell und gezielt verbessert werden kann.

Hier kommen wir zu einem weiteren entscheidenden Punkt in dieser Diskussion: Verzerrungen und andere unerwünschte Muster in KI-Systemen können vor allem dann erkannt und verstanden werden, wenn sie sichtbar sind. Da es sich bei KI um hochkomplexe Systeme mit Milliarden von Parametern handelt, gibt es kaum eine effektivere Möglichkeit, sie zu untersuchen, als sie konkret zu nutzen und ihr Verhalten zu beobachten. Dieser Punkt kann nicht stark genug betont werden. Wenn wir beispielsweise darüber diskutieren, warum es problematisch ist, dass KI-Modelle bei der Anfrage nach Bildern von erfolgreichen Geschäftsleuten hauptsächlich Männer generieren, liegt das daran, dass wir diese Bilder selbst erstellen und dabei das zugrunde liegende Muster direkt erkennen können. Dasselbe gilt für die Diskussion über schwarze Nazis: Diese Debatte konnte nur geführt werden, weil Menschen Bilder generierten und unmittelbar sahen, dass die KI historische Realitäten verfälschte. Solche Probleme werden erst sichtbar und damit diskutierbar, weil die Technologie für uns zugänglich ist. Ohne diese Möglichkeit blieben viele Verzerrungen verborgen und unentdeckt.

Ich werde diesen äußerst wichtigen Punkt noch oft betonen: Verzerrungen können nur erkannt und verstanden werden, wenn KI-Systeme wirklich testbar sind. Doch wie erreichen wir echte Testbarkeit? In der öffentlichen Diskussion wird häufig Transparenz als Lösung gefordert. Mehr Einblick in KI-Systeme, so die Hoffnung, würde uns helfen, ihre Probleme zu erkennen und zu beheben. Doch welche Art von Transparenz führt tatsächlich zu echter Testbarkeit? Untersuchen wir die verschiedenen Forderungen. Einige verlangen, dass die Daten, auf denen die KI trainiert wurde, offengelegt werden. Diese Forderung können wir nun besser nachvollziehen: Wir wissen, dass die Milliarden Parameter der KI-Netzwerke durch die Trainingsdaten eingestellt werden. Allerdings wissen wir auch, dass sich das Verhalten eines Netzwerks durch Nachtrainieren verändern lässt. Die Trainingsdaten erzählen also bestenfalls die halbe Geschichte – wenn überhaupt. Hinzu kommt, dass solche Forderungen aufgrund von Datenschutz, Eigentumsrechten oder der Wahrung von Firmengeheimnissen oft nur schwer durchsetzbar sind.

Andere wiederum fordern, dass die Hersteller von KI-Netzwerken in der Lage sein müssen, das Verhalten ihrer Systeme zu erklären. Doch die Forderung nach Erklärbarkeit ist äußerst schwierig zu erfüllen. Denn selbst wenn wir die einzelnen Bestandteile eines Systems kennen, bleibt oft unklar, warum diese hochkomplexen Netzwerke genau die Antworten liefern, die sie generieren. Letztendlich zeigt uns erst die konkrete Nutzung von KI-Netzwerken, wie sie sich tatsächlich verhalten – und das Wie, also das Verhalten, muss letztlich wichtiger sein als das Warum. Natürlich kann es hilfreich sein, die Gründe für ein bestimmtes Verhalten zu kennen, insbesondere um in Zukunft Verbesserungen vorzunehmen. Doch der effektivste Weg, um zu verstehen, was ein KI-System tun wird, bleibt, es direkt zu testen.

Eine dritte Forderung zielt in eine mehr Erfolg versprechende Richtung: KI-Systeme sollen als »Open Source« zugänglich gemacht werden. Der Begriff ist hier jedoch etwas irreführend. In der klassischen Softwareentwicklung bedeutet Open Source die Offenlegung des Quellcodes. Bei KI-Netzwerken hingegen gibt es kaum traditionellen Quellcode. Stattdessen bestehen diese Netzwerke hauptsächlich aus Milliarden von Parametern. Eine echte Offenlegung erfordert daher die Veröffentlichung dieser Parameter. Genau hier liegt der Schlüssel zur umfassenden Testbarkeit: Wenn ein Hersteller die Parameter seines Modells offenlegt, können wir das KI-Modell selbst »auf Herz und Nieren« prüfen. Wir können das Modell dann nämlich lokal installieren und sind bei Tests nicht mehr darauf angewiesen, dass uns ein Anbieter lediglich über einen Cloud-Service Zugang zu einer Black Box gewährt. Immer mehr Hersteller entscheiden sich für diesen Weg und ermöglichen dadurch eine echte, unabhängige Überprüfung ihrer Modelle. Damit öffnen sie die Tür zu mehr Vertrauen in die Technologie.

Doch was bedeutet diese Offenlegung der Parameter konkret? Betrachten wir die praktische Umsetzung und deren weitreichende Konsequenzen etwas genauer. Wenn ein KI-System seine Parameter offenlegt, kann das entsprechende Modell von jedem nachgebaut werden, sei es auf einem privaten Computer oder auf einer anderen Plattform. Sollten Sie jemals ein solches offenes Modell herunterladen wollen, benötigen Sie dafür zwei wesentliche Dateien. Die erste enthält Informationen zur Netzwerkarchitektur, die heutzutage fast immer auf einem Transformer basiert, wie wir bereits gesehen haben. Diese Datei ist äußerst klein, umfasst oft nur ein paar Hundert Zeilen Code. Die zweite Datei hingegen bildet das Herzstück des Modells: die Parameter. Hierbei handelt es sich nicht um Code, sondern um Milliarden von Zahlen. Erinnern Sie sich an die Metapher der Parameter als Regler eines Mischpults? Jeder dieser Parameter entspricht einer bestimmten Einstellung eines solchen

Reglers, die zuerst durch ein langes Vortraining auf riesigen Datenmengen berechnet und anschließend durch gezieltes Nachtraining weiter optimiert wurde.

Wenn Sie nun diese Dateien besitzen, können Sie das KI-Modell rekonstruieren und nutzen. Genau an diesem Punkt schließt sich der Kreis zu unserer vorherigen Diskussion über unerwünschte Muster und Verzerrungen. Wie wir festgestellt haben, besteht die beste Methode, ein Netzwerk auf solche Probleme zu prüfen, darin, es ausführlich zu testen. Und die größte Sicherheit, dies tun zu können, liegt darin, das Modell selbst zu besitzen. Genau das ermöglicht offene KI. Die Offenlegung von Parametern ist nicht nur deshalb bedeutend, weil sie interessante Einblicke ins Innenleben des Netzwerks bietet. Sie ist vor allem wichtig, weil sie uns erlaubt, ein Netzwerk unabhängig zu testen, ohne auf die Zustimmung Dritter angewiesen zu sein. Heute können wir die besten KI-Modelle privater Anbieter zwar oft noch kostengünstig oder sogar kostenlos ausprobieren. Doch was ist morgen? Der Zugang könnte stark eingeschränkt oder extrem teuer werden. Offene KI mit offenen Parametern stellt sicher, dass dieser Zugang auch in Zukunft gewährleistet bleibt.

Dabei geht es um weit mehr als nur um technische Testbarkeit – es geht um die Frage, wer die Kontrolle über diese mächtige Technologie haben soll. Die Geschichte von OpenAI illustriert diesen Punkt eindrücklich: Es ist eine bemerkenswerte Ironie, dass ausgerechnet die Firma, die mit der Vision gegründet wurde, offene KI zu fördern, und sich sogar danach benannte, lange Zeit keine offene KI mehr angeboten hat. Als das Unternehmen 2015 von Elon Musk, Sam Altman und anderen ins Leben gerufen wurde, war genau diese Idee der zentrale Leitgedanke. Die Gründer zitierten damals den britischen Historiker John Dalberg-Acton mit den Worten: »Die Freiheit besteht in der Verteilung der Macht, der Absolutismus in ihrer Konzentration.« Ihre Sorge war, dass KI sich rasch entwickeln und denjenigen, die sie besitzen, immense Macht verleihen könnte. Deshalb sei es essenziell, so ihr Argument, die fortschrittlichste KI zu entwickeln und diese offen zugänglich zu machen, um eine Machtkonzentration zu verhindern. Die darauffolgende Entwicklung hat gezeigt, dass die Sorge berechtigt war – allerdings nicht auf die ursprünglich gedachte Weise. Statt offene KI zu fördern, hat OpenAI selbst eine erhebliche Machtkonzentration geschaffen. Während die ersten Modelle noch teilweise veröffentlicht wurden, waren die leistungsstärkeren Modelle bald nur noch über OpenAI-Dienste wie ChatGPT zugänglich. Damit hat sich OpenAI zunehmend von der ursprünglichen Mission der Offenheit entfernt.

Doch zum Glück gibt es andere Akteure, die den Weg der Offenheit gewählt haben. Kurz nach dem Start von ChatGPT veröffentlichte der Technologiekonzern Meta ein eigenes Modell namens LLama – ein Wortspiel mit dem Kürzel LLM (»large language model«), das wir ganz zu Beginn in Kapitel 4 kennen gelernt haben – und stellte dessen Parameter offen zur Verfügung. Innerhalb weniger Monate führte dies zu einer wahren Explosion neuer, offener Modelle. Heute gibt es bereits Zehntausende solcher Modelle, und täglich kommen weitere hinzu. Besonders interessant sind aktuell sehr leistungsfähige offene Modelle wie etwa DeepSeek oder Qwen, die eindrücklich zeigen, welche Qualität offene Modelle inzwischen erreicht haben. Allerdings ist Vorsicht geboten: Nicht alles, was als »offen« bezeichnet wird, ist tatsächlich vollständig offen. Jedes Modell wird mit einer Lizenz veröffentlicht, die genau festlegt, wie, von wem und für welche Zwecke es genutzt werden darf. Am offensten sind jene Modelle, die ohne Einschränkungen heruntergeladen und für jeden Zweck verwendet werden können. Chinesische Modelle wie DeepSeek oder Qwen haben in dieser Hinsicht eine kleine Revolution ausgelöst: Beide waren äußerst leistungsfähig und zugleich kostenlos mit sehr flexiblen Lizenzen verfügbar. Diese Entwicklung hat sogar OpenAI dazu bewegt, wieder wirklich offene Modelle zu veröffentlichen.

Wenn Sie nun solche KI-Modell-Dateien herunterladen, können Sie diese grundsätzlich auf Ihrem eigenen Computer laufen lassen. Ob das funktioniert, hängt allerdings von der Kapazität Ihres Arbeitsspeichers ab. Große Modelle mit Hunderten Milliarden von Parametern benötigen so viel Speicher, dass sie auf normalen Computern kaum betrieben werden können, außer diese sind mit außergewöhnlich viel Arbeitsspeicher ausgestattet. Kleinere oder mittelgroße Modelle hingegen lassen sich mittlerweile problemlos auf herkömmlichen Rechnern ausführen. Auf meinem Laptop betreibe ich derzeit ein heruntergeladenes Modell, das in gängigen Benchmarks ähnlich gut abschneidet wie KI-Modelle, die noch vor kurzem als bahnbrechend und weltverändernd gefeiert wurden. Lassen Sie mich das nochmals betonen: Sie und ich können auf unseren alltäglichen Computern eine KI betreiben, die ebenso leistungsfähig ist wie die beste KI ein paar Monate zuvor. Und das Beste daran: Da solche Modelle lediglich ein KI-Netzwerk mit Milliarden von Parametern darstellen und nicht mehr, benötigen sie keinen Internetzugang. Ich kann jederzeit und völlig privat mit der KI interagieren. Diese Möglichkeit gibt uns einen faszinierenden Ausblick darauf, wie stark KI unser tägliches Leben durchdringen wird: vermutlich immer und überall.

Diese weite Verfügbarkeit von KI ist nicht nur eine technische Revolution, sondern führt uns zur grundlegenden Frage, wie wir mit unerwünschten Mustern und Verzerrungen umgehen sollen. Offene KI ist nicht nur wichtig, um Modelle ohne Einschränkungen testen zu können, sondern auch, weil sie uns eine Vielfalt von Modellen bietet. Unter diesen finden sich hoffentlich auch solche, die unseren individuellen Wertvorstellungen besser entsprechen. Sie erinnern sich sicher, wie wir uns zu Beginn des Kapitels gefragt haben: Wer sollte darüber entscheiden, welche Werte ein KI-Modell repräsentiert? Und wer hat überhaupt das Recht oder die Macht, solche Entscheidungen zu treffen? Auf diese Fragen kann und darf es keine abschließenden Antworten geben. Eine freie und offene Gesellschaft lebt von Meinungsvielfalt und Redefreiheit. Diese Vielfalt und Freiheit müssen sich auch in der Entwicklung von KI widerspiegeln. Denn die Werte eines KI-Modells werden letztlich von jenen geprägt, die es entwickeln. Gäbe es nur wenige Hersteller, wären wir darauf angewiesen, dass deren Wertvorstellungen zufällig mit unseren übereinstimmen.

Doch was heißt »unsere« Werte überhaupt? Ihre? Meine? Die offenen KI-Modelle bieten hier einen entscheidenden Ausweg. Anders als bei kommerziellen Systemen, bei denen wir auf die Wertvorstellungen einiger weniger Anbieter angewiesen sind, ermöglicht die offene KI-Welt eine echte Vielfalt: Tausende von Entwicklerinnen und Entwicklern können die Modelle an ihre eigenen Vorstellungen und Bedürfnisse anpassen. Mehr noch – wer will, kann die Modelle selbst nachtrainieren und ihnen eigene Werte vermitteln. Diese Situation erinnert an die Medienwelt: Auch dort wäre es problematisch, wenn nur einige wenige Konzerne bestimmen würden, welche Perspektiven und Wertvorstellungen vermittelt werden. Gerade weil Menschen unterschiedliche Ansichten und Wertvorstellungen haben, schätzen und schützen wir Meinungs- und Pressefreiheit.

Aus dem gleichen Grund sollten wir auch die Freiheit bei der Entwicklung und Nutzung von KI fördern. Nur dann können wir sicherstellen, dass die Vielfalt unserer Ansichten und Werte auch in dieser verrückten Welt Bestand hat.

7 Meine Arbeit, deine Arbeit, keine Arbeit?

Als im 19. Jahrhundert die ersten mechanischen Webstühle aufkamen, zerschlugen wütende Textilarbeiter die Maschinen. Sie fürchteten, überflüssig zu werden – eine Angst, die uns heute seltsam vertraut vorkommt. Kaum ein Tag vergeht, an dem nicht von KI-Systemen berichtet wird, die menschliche Arbeit überflüssig oder gar bedeutungslos machen könnten. Journalisten sehen ihre Artikel von Sprachmodellen bedroht, Künstlerinnen fürchten die Konkurrenz durch Bildgeneratoren, und Programmierer beobachten staunend, wie KI komplexe Software schreibt. Kein Beruf scheint mehr sicher zu sein. Im Unterschied zu früheren technologischen Revolutionen konkurriert die KI nicht nur mit unseren Muskeln, sondern auch mit unserer Intelligenz, also jener Fähigkeit, die wir lange für unsere einzigartige Stärke hielten. Doch wie das Beispiel der Webstühle zeigt, ist technologischer Wandel selten so einfach und eindimensional, wie er zunächst erscheint. Die gleichen Maschinen, die einzelne Jobs überflüssig machten, schufen auch neue Arbeitsplätze und steigerten den allgemeinen Wohlstand. Auch die KI wird unsere Arbeitswelt fundamental verändern, aber vielleicht nicht so, wie wir denken.

Arbeit ist mehr als nur Erwerbstätigkeit – sie ist ein wesentlicher Teil unserer Identität und oft eine wichtige Quelle von Sinn. Ein großer Teil der Bevölkerung verbringt den überwiegenden Teil ihres aktiven Lebens mit Arbeit. Dabei gibt es viele Definitionen von Arbeit: Sie reichen von der Produktion von

Gütern und Dienstleistungen bis hin zur kreativen Auseinandersetzung mit unserer Umwelt. Für die meisten von uns ist Arbeit zunächst notwendig, um finanzielle Sicherheit und Freiheit zu erlangen. Sobald dieses Grundbedürfnis gedeckt ist, stellen sich jedoch rasch tiefere Fragen: Was kann ich besonders gut? Was macht mir Freude? Was gibt meinem Leben Sinn? Diese Unterscheidung ist zentral für die Diskussion darüber, wie wir mit technologischen Entwicklungen und ihren Konsequenzen für die Arbeit umgehen. Denn letztlich stehen wir vor der Frage: Nimmt uns eine neue Technologie die finanzielle Sicherheit und den Sinn, die wir durch Arbeit gewinnen? Oder bietet sie im Gegenteil die Chance, beides zu verbessern?

Bevor wir auf die spezifischen Auswirkungen der KI auf die Arbeitswelt eingehen, lohnt sich ein Blick in die Geschichte. Es ist nicht das erste Mal, dass eine technologische Entwicklung die Art und Weise, wie wir arbeiten, grundlegend verändert. Besonders wichtig war die erste industrielle Revolution im späten 18. und frühen 19. Jahrhundert. Ihr Ursprung wird oft mit dem schottischen Ingenieur James Watt in Verbindung gebracht, der fälschlicherweise als Erfinder der Dampfmaschine gilt. Tatsächlich war die Dampfmaschine schon vor ihm bekannt, doch Watt führte entscheidende Verbesserungen ein, die sie zu einer zuverlässigen und vielseitig nutzbaren Kraftquelle machten. Diese Innovation ersetzte nach und nach die Muskelkraft von Menschen und Tieren, da nun größere Lasten schneller und effizienter bewegt werden konnten. Maschinen wurden plötzlich hundert- oder tausendmal leistungsfähiger als zuvor, was Anwendungen ermöglichte, die bis dahin undenkbar gewesen waren.

Die Einführung der Dampfmaschine veränderte nicht nur die Produktionsweise, sondern auch das gesamte soziale Gefüge.

Handwerker, die ihre Fertigkeiten über Generationen hinweg weitergegeben hatten, sahen sich plötzlich mit Fabriken konfrontiert, in denen ungelernte Arbeiter Maschinen bedienten. Doch die Industrialisierung brachte nicht nur den Verlust traditioneller Handwerksberufe mit sich, sondern schuf gleichzeitig neue Tätigkeitsfelder. Anstelle von Webern am Handwebstuhl wurden nun Maschinenwärter, Mechaniker und Ingenieure benötigt. Die gesteigerte Produktivität führte zu sinkenden Preisen für Textilien, erhöhte die Nachfrage und schuf neue Arbeitsplätze in Vertrieb und Handel. Zugleich entstanden völlig neue Branchen wie der Maschinenbau. Dieses Muster wiederholte sich bei jeder weiteren technologischen Revolution: Von der Elektrifizierung über das Fließband bis hin zur Automatisierung durch Computer, stets verschwanden alte Berufe, während neue entstanden.

Interessanterweise lassen sich solche technologisch bedingten Veränderungen der Arbeitswelt schon vor der industriellen Revolution beobachten. Bereits im Mittelalter hatten scheinbar einfache Erfindungen tiefgreifende Auswirkungen auf die Gesellschaft. Ein markantes Beispiel ist der schwere Pflug mit Rädern. Im Gegensatz zum leichteren römischen Pflug konnte er die schweren, aber äußerst fruchtbaren Böden nördlich der Alpen bearbeiten. Dies führte zu enormen Ertragssteigerungen, veränderte jedoch auch die Arbeitsorganisation: Der schwere Pflug benötigte mehrere Ochsen zum Ziehen und erforderte deshalb eine neue Form der dauerhaften Zusammenarbeit zwischen Bauern. Wo früher einzelne Familien ihr Land weitgehend selbständig bearbeiten konnten, mussten nun ganze Dorfgemeinschaften zusammenarbeiten und gemeinsam entscheiden, wer wann den Pflug und die Ochsen nutzen durfte. Noch tiefgreifender war die Einführung des Steigbügels beim Pferd. Diese unscheinbare Erfindung revolutionierte die Kriegsführung, indem sie die Entstehung schwer gepanzerter Reiterei ermöglichte. Aus dieser Entwicklung ging das Rittertum hervor, eine mächtige Kaste von Berufskriegern, die von den Bauern durch Abgaben und Arbeit finanziert wurde. Diese Abhängigkeit zwischen Rittern und Bauern prägte die soziale und wirtschaftliche Struktur des gesamten Mittelalters.

Sie fragen sich jetzt vielleicht: Was hat das alles mit KI zu tun? Es ist wichtig, sich immer wieder bewusst zu machen, dass tiefgreifende gesellschaftliche Veränderungen durch technologische Entwicklungen kein neues Phänomen sind. Unsere heutigen Diskussionen erwecken manchmal den Eindruck, als wäre technologisch bedingter Wandel eine völlig neuartige Herausforderung. Das stimmt jedoch nicht. Was tatsächlich neu ist – und was wir bereits zu Beginn besprochen haben – ist die immense Geschwindigkeit, mit der dieser Wandel heute stattfindet. Die Welt wirkt nicht deshalb verrückt, weil sie sich verändert, sondern weil diese Veränderungen in einem solchen Tempo geschehen, dass wir uns innerhalb weniger Jahrzehnte mehrfach anpassen müssen – eine Erfahrung, die für viele von uns ungewohnt und schwierig ist.

Betrachten wir nun die Auswirkungen der KI auf die Arbeitswelt genauer. Wie der Name schon andeutet, geht es bei Künstlicher Intelligenz seit ihren Anfängen darum, Prozesse zu automatisieren, die normalerweise menschliche Intelligenz erfordern. Wie wir zu Beginn besprochen haben, war dies auch die zentrale Idee des Dartmouth-Seminars in den 1950er-Jahren, das als Geburtsstunde der KI gilt. Damals lautete die Fragestellung: Wie kann man Maschinen dazu bringen, Sprache zu nutzen, Abstraktionen und Konzepte zu bilden, Probleme zu lösen, die bisher dem Menschen vorbehalten waren, und sich selbst zu verbessern? Was einst wie eine spannende Forschungsfrage klang, ist heute zunehmend Realität. Es ist daher nicht überraschend, dass diese Technologie auch die Arbeitswelt beeinflusst – schließlich drehen sich viele berufliche Aufgaben genau um diese Fähigkeiten.

In dieser Diskussion kann es hilfreich sein, den Blickwinkel etwas zu erweitern. Bisher haben wir uns stark auf digitale KI konzentriert, also auf Systeme, die in einer abstrakten und nicht körperlichen Welt funktionieren. Diese Modelle können lesen, schreiben, sehen, hören und verschiedene digitale Inhalte erzeugen, besitzen jedoch keinen physischen Körper. Wenn Sie eine KI wie ChatGPT fragen, wie man einen Kuchen backt, wird sie Ihnen präzise Anweisungen geben, inklusive Zutaten und Schritt-für-Schritt-Anleitung. Doch sie kann weder Eier aufschlagen, Butter schmelzen noch den Kuchen in den Ofen schieben. Dazu bräuchte die KI einen Körper, also einen Roboter. In diesem Bereich gibt es zwar schon seit langem Fortschritte, und wir werden später noch ausführlicher darauf eingehen. Doch in der Praxis ist der Einfluss der Robotik, mit einigen Ausnahmen wie z. B. in der Güterproduktion, noch relativ begrenzt.

Bleiben wir deshalb zunächst bei der digitalen KI, deren sprachliche Fähigkeiten enorme Fragen aufwerfen. Wenn KI in der Lage ist, sämtliche Dokumente zu lesen, präzise zu analysieren, mit aktuellen Daten zu verknüpfen und auf dieser Grundlage Antworten zu generieren, hat das zwangsläufig Auswirkungen auf viele Berufe. Zahlreiche Studien untersuchen, welche Tätigkeiten am stärksten von den wachsenden Fähigkeiten der KI betroffen sein könnten. Der Grundgedanke dahinter ist immer derselbe: Wenn eine Aufgabe, die bisher von Menschen erledigt wurde, von KI übernommen werden kann, sind die damit verbundenen Kosten in der Regel geringer. Unternehmen werden daher aus wirtschaftlichen Überlegungen zunehmend darauf angewiesen sein, KI einzusetzen, um Prozesse effizienter und kostengünstiger zu gestalten. Diese Dynamik ist typisch für jede neue Technologie – wenn sie menschliche Arbeiten günstiger erledigen kann, wird sie diese früher oder später ersetzen. Hinzu kommt, dass KI nicht müde wird, keine Pausen braucht und niemals Urlaub macht. Angesichts dieser Entwicklung scheint die Befürchtung berechtigt, dass eine zunehmende Automatisierung durch KI zu Massenarbeitslosigkeit führen könnte.

Diese Befürchtung steht allerdings im völligen Widerspruch zu den Erfahrungen der letzten Jahrzehnte. Zwar haben Computer und Automatisierung viele repetitive Tätigkeiten sowie einige Aufgaben in der Produktion ersetzt. Doch dieser Wandel führte langfristig nicht zu höheren Arbeitslosenquoten. Im Gegenteil: Es entstanden völlig neue Sektoren wie die Informationstechnologie, das Software-Engineering, das digitale Marketing oder der elektronische Handel, um nur einige Beispiele zu nennen, die zuvor undenkbar waren. Daten aus den USA und Europa zeigen, dass die Gesamtbeschäftigung trotz der zunehmenden Verbreitung von Computern im Laufe der Jahrzehnte weiter gestiegen ist. Das drängendste Problem auf dem heutigen Arbeitsmarkt ist daher nicht die Arbeitslosigkeit, sondern der Fachkräftemangel.

Diese Entwicklung ist auch im größeren historischen Kontext nicht überraschend. Zu Beginn der industriellen Revolution führte die Einführung der Dampfmaschine dazu, dass bestimmte Formen der Handarbeit drastisch zurückgingen. Gleichzeitig entstanden jedoch neue Aufgaben in Bereichen wie Technik, Logistik und Management – angetrieben durch die

Ausbreitung der Eisenbahn, der Stahlwerke und Methoden der Massenproduktion. In Ländern wie dem Vereinigten Königreich und später den USA stieg dadurch der allgemeine Lebensstandard, während sich die Beschäftigung eher verlagerte, als dass sie verschwand. Ähnlich veränderte die Elektrifizierung im 19. Jahrhundert nahezu alles: Zwar wurden einige Tätigkeiten überflüssig, doch gleichzeitig eröffneten sich neue Möglichkeiten in der Elektrotechnik, in der Produktion elektrischer Geräte und beim Aufbau neuer Infrastrukturen. Auch das Fließband ersetzte viele handwerkliche Tätigkeiten, ermöglichte jedoch die Massenproduktion und machte Güter erschwinglich, was wiederum neue Arbeitsfelder schuf.

Die Muster wiederholen sich immer wieder: Eine neue Technologie entsteht und ersetzt bestehende Tätigkeiten oder Aufgaben, meist aus Kostengründen. Gleichzeitig schafft sie jedoch neue Möglichkeiten, oft sogar völlig neue Wirtschaftszweige und damit auch neue Arbeitsplätze. Häufig verbessert sich dadurch das wirtschaftliche Umfeld insgesamt, und die Beschäftigung nimmt zu. Aus gesamtwirtschaftlicher Sicht gibt es deshalb Grund zu vorsichtigem Optimismus, dass sich die Situation auch durch die Einführung von KI in den kommenden Jahren nicht grundlegend anders entwickeln wird. Können wir daher sagen: »Ende gut, alles gut«? Mitnichten. Auch wenn das wirtschaftliche Gesamtbild positiv erscheinen mag, geht dieser Wandel oft mit einem aufwühlenden Prozess einher. Manche Berufe werden sich erheblich verändern, andere ganz verschwinden – und betroffen sein werden vermutlich alle.

Prognosen darüber, welche Berufe am stärksten betroffen sein werden, halte ich für riskant. Erstens sind Vorhersagen generell schwierig, besonders wenn es um eine Technologie geht, die sich so rasch entwickelt. Stellen Sie sich vor, ich hätte dieses Buch im Herbst 2022 veröffentlicht – schon ein halbes Jahr später wären konkrete Prognosen überholt gewesen. Deshalb hüte ich mich vor solchen Spekulationen. Dennoch können wir einige allgemeine Muster erkennen, die uns Hinweise darauf geben, wie sich die Zukunft entwickeln könnte. Ein Muster, das sich wie ein roter Faden durch dieses Buch zieht, ist das schwindelerregende Tempo dieser Dynamik. Vor weniger als zehn Jahren konnte KI kaum einen zusammenhängenden Satz formulieren. Die Bilderkennung war zwar etwas weiter, steckte aber noch in den Kinderschuhen. Die Generierung von Inhalten existierte praktisch nicht. Heute hingegen kann KI nicht nur universitäre Abschlussprüfungen mit Bravour bestehen, sondern sogar in internationalen mathematischen Wettbewerben mithalten. Sie hört, sieht, schreibt und spricht auf eine Weise, die der menschlichen kaum mehr nachsteht.

Ob sich aus dieser Entwicklung ableiten lässt, was in den nächsten zehn Jahren geschehen wird, ist ungewiss. Denn Fortschritte in der KI verliefen in der Vergangenheit nicht immer geradlinig. Seit dem Dartmouth-Seminar gab es immer wieder neue Ansätze, die zunächst vielversprechend wirkten, sich jedoch später als Sackgassen erwiesen. Die Enttäuschung darüber war oft so groß, dass das gesamte Forschungsfeld infrage gestellt wurde. Forschungsanträge mit dem Begriff KI wurden rigoros abgelehnt, und der Ruf der Technologie litt so stark, dass der Ausdruck »KI-Winter« geprägt wurde, um diese Rückschläge zu beschreiben. Demgegenüber stehen die massiven Erfolge der letzten zehn Jahre, in denen die KI eine geradezu explosionsartige, exponentielle Entwicklung erlebte. Jedes Jahr wurden die Systeme leistungsfähiger, und es gab kontinuierlich bahnbrechende Fortschritte.

Die Regelmäßigkeit dieser Durchbrüche führte sogar zur Idee der sogenannten Skalierungsgesetze. Was versteht man darunter? Vielleicht kennen Sie das Moore'sche Gesetz, das besagt, dass sich die Rechenleistung von Computern etwa alle achtzehn Monate verdoppelt. Dieses Gesetz ist kein Naturgesetz, sondern vielmehr die Beobachtung eines erstaunlich regelmäßigen technologischen Fortschritts. Die Konsequenzen des Moore'schen Gesetzes sind beeindruckend: Heute tragen wir Smartphones in unseren Hosentaschen, die tausendmal leistungsfähiger sind als die Computer, mit denen die NASA die Apollo-11-Mission zum Mond steuerte. Im Bereich der KI hat sich in den letzten zehn Jahren ein ähnliches Skalierungsgesetz herausgebildet. Es ist weniger zeitgebunden und beschreibt vielmehr, dass die Leistungsfähigkeit von Modellen in vorhersehbarer Weise zunimmt, wenn man sie größer macht, mit mehr Daten füttert oder länger und mit mehr Rechenleistung trainiert.

Ob diese Skalierungsgesetze auch in Zukunft Bestand haben, wird die Zeit zeigen. Doch es scheint recht sicher, dass KI kontinuierlich besser werden wird. Die Haltung »KI kann das ja noch nicht« ist deshalb trügerisch und potenziell gefährlich, weil sie uns unvorbereitet lassen könnte auf Veränderungen, die möglicherweise sehr bald eintreten werden. Uns bleibt eigentlich nur eine Strategie: Wir sollten die Technologie aktiv nutzen und uns mit den neuesten Entwicklungen auseinandersetzen. Vielleicht denken manche: »Das betrifft mich nicht wirklich« oder »Technologie interessiert mich nicht besonders, ich konzentriere mich lieber auf andere Dinge.« Doch ich möchte Sie bitten, diese Haltung zu überdenken. Der Arbeitsmarkt interessiert sich leider wenig dafür, ob man Technologie mag oder nicht. Er sucht nach Menschen, die neue Entwicklungen nutzen, um ihre Ziele und die ihres Arbeitgebers schneller und effizienter zu erreichen, und KI wird ein zentraler Bestandteil davon sein. Außerdem ist KI heute deutlich zugänglicher, als Sie vielleicht glauben. Sie müssen weder Programmierer sein noch komplexe Systeme verstehen. Die meisten KI-Werkzeuge sind inzwischen so gestaltet, dass sie intuitiv bedienbar sind, ähnlich wie ein Smartphone, das Sie vermutlich auch ohne tiefgehendes technisches Wissen nutzen. Der Schlüssel liegt nicht im detaillierten Verständnis der Technologie, sondern in der Bereitschaft, Neues auszuprobieren und zu lernen, wie diese Werkzeuge Sie bei Ihren Zielen unterstützen können.

Damit kommen wir zum zweiten Muster: Technologie und Menschen arbeiten immer enger zusammen. Heute nutzen wir ganz selbstverständlich Technologien, die bei ihrer Einführung zunächst auf großen Widerstand stießen. Ende des 19. Jahrhunderts galt Elektrizität in der Arbeitswelt als gefährlich und teuer – heute ist sie unersetzlich. Als Schreibmaschinen in Büros eingeführt wurden, hielt man handgeschriebene Briefe für professioneller und persönlicher. In den 1970er-Jahren sorgten Taschenrechner für Debatten: Buchhalter und Ingenieurinnen befürchteten, dass wichtige Rechenfähigkeiten verloren gehen könnten. Ähnlich war es bei der Einführung von Computern, welche die Schreibmaschinen ablösten. Viele Angestellte sahen darin eine Bedrohung ihrer mühsam erlernten Fähigkeiten. Als in den 1990er-Jahren das Internet in die Büros einzog, warnten Führungskräfte vor Produktivitätsverlusten und bezweifelten seinen praktischen Wert für viele Branchen. Heute sind all diese Technologien aus unserem Alltag nicht mehr wegzudenken. Noch deutlicher wird dies, wenn wir uns vorstellen, was passiert, wenn sie plötzlich ausfallen: Ein Stromausfall, ein defekter Computer oder eine unterbrochene Internetverbindung –

und schon steht in vielen Betrieben die Arbeit still. Was einst skeptisch betrachtet wurde, ist längst unverzichtbar geworden.

Auch bei der KI wird es so sein, und die ersten Anzeichen sind bereits deutlich erkennbar. Während sich Unternehmen teilweise noch schwer damit tun, KI systematisch einzusetzen, haben viele Mitarbeiterinnen und Mitarbeiter die neuen Tools längst für sich entdeckt, beruflich ebenso wie privat. Trotz anfänglicher Skepsis erkennen immer mehr Menschen die Vorteile und lernen, besser mit den potenziellen Nachteilen umzugehen. In vielen Branchen und Berufen hört man inzwischen die Aussage: »Nicht die KI wird die Arbeitnehmer ersetzen, sondern Arbeitnehmer mit KI werden jene ohne KI ersetzen.« Die dahinterliegende Annahme lautet, dass, wer die KI nutzt, produktiver sein kann als jene, die darauf verzichten – und produktiver als die KI allein. Dieser Überlegung sollten wir genauer nachgehen, denn die Zukunft der Arbeit hängt entscheidend davon ab, ob sie zutrifft oder nicht.

Ob eine KI eine berufliche Tätigkeit übernehmen kann, hängt von zwei Faktoren ab: der Leistungsfähigkeit der KI und der Art der Tätigkeit. Um die Rolle von KI besser einzuschätzen, finde ich es hilfreich, wenn wir einen Beruf als eine Ansammlung einzelner Aufgaben betrachten. Ein Kassierer in einem Selbstbedienungsrestaurant hat beispielsweise ein klar definiertes und begrenztes Aufgabenspektrum: Bestellungen aufnehmen, diese in die Kasse eingeben und Zahlungen abwickeln. Die Aufgaben sind klar strukturiert, wiederholen sich regelmäßig und folgen festen Abläufen. Ganz anders sieht es bei einer Schulleiterin aus. Ihr Aufgabenspektrum ist äußerst breit gefächert: Sie muss den Unterricht planen und koordinieren, das Budget verwalten, Personalentscheidungen treffen, mit Eltern kommunizieren, Konflikte lösen, die pädagogische Ausrichtung der Schule weiterentwickeln, rechtliche Vorschriften einhalten, die Schule nach außen vertreten, Lehrkräfte betreuen und evaluieren, Schulveranstaltungen organisieren, mit Behörden zusammenarbeiten, die Schulinfrastruktur im Blick behalten und vieles mehr.

Die Sicherheit eines Berufs vor der Übernahme durch KI hängt deshalb von zwei wesentlichen Faktoren ab. Erstens: Wie vielfältig sind die Aufgaben? Je mehr unterschiedliche Aufgaben ein Beruf umfasst, desto sicherer ist er, denn selbst wenn KI einige davon vollständig übernehmen kann, bleiben oft viele Tätigkeiten, die weiterhin von Menschen erledigt werden müssen. Zweitens: Wie komplex sind die Aufgaben? Einfachere Tätigkeiten lassen sich leichter vollständig durch KI ersetzen, während komplexere Aufgaben eher von KI unterstützt als vollständig übernommen werden. Das Erfassen und Übertragen von Rechnungen in ein Buchhaltungssystem ist beispielsweise eine relativ einfache und stark standardisierte Tätigkeit, die KI bereits heute weitgehend automatisieren kann. Das Führen eines wichtigen Verkaufsgesprächs hingegen ist weitaus komplexer: Während die KI hier möglicherweise Produktinformationen bereitstellen kann, erfordert das Eingehen auf die individuellen Bedürfnisse und Emotionen eines Kunden menschliches Gespür und Erfahrung.

Aber wie können wir einschätzen, welche Aufgaben von KI leicht übernommen werden können und welche nicht? Ein erster Hinweis ergibt sich aus der Beobachtung, dass digitale Prozesse eher von KI übernommen werden können als solche, die physischen, körperlichen Einsatz erfordern. Daher hört man oft, dass handwerkliche Berufe oder solche mit intensiver menschlicher Interaktion sicherer seien als Berufe, die sich hauptsächlich mit Texten, Zahlen und Informationen beschäftigen. Ich würde hier allerdings zur Vorsicht raten. Bevor man jungen Menschen allein aufgrund der Entwicklung von KI empfiehlt, sich statt für eine wirtschaftliche Laufbahn eher für eine handwerkliche Tätigkeit wie Spengler zu entscheiden, sollte man bedenken, dass KI auch in der Robotik rasante Fortschritte macht – vielleicht nicht in den nächsten zwei Jahren, aber durchaus im Verlauf eines menschlichen Arbeitslebens. Wir sollten nicht Berufswege einschlagen aufgrund einer Vermutung darüber, wie schnell oder langsam sich eine Technologie entwickeln wird. Die Unsicherheiten diesbezüglich sind einfach zu groß.

Es ist sinnvoller, sich zu überlegen, wie KI den eigenen Beruf bereichern kann. Dies geschieht auf zwei Arten: Zum einen kann KI uns bei unseren Aufgaben inhaltlich unterstützen oder sie effizienter gestalten. Zum anderen kann sie einfache, sich wiederholende Aufgaben komplett übernehmen, sodass wir mehr Zeit für anspruchsvollere und kreative Arbeiten haben. Selbst wenn KI Tätigkeiten übernimmt, die wir eigentlich gern selber erledigen, kann darin eine Chance liegen – denn wir gewinnen Zeit für neue, spannende Aufgaben. Dieser Punkt ist besonders wichtig, denn hier liegt das Potenzial für die Weiterentwicklung von Berufsbildern: Die Aufgaben eines Berufs sind nicht festgelegt, sondern verändern sich mit der verfügbaren Technologie. Wenn sich durch KI neue technologische Möglichkeiten ergeben, wandeln sich auch unsere Aufgaben. Ein Beruf ist deshalb besonders zukunftssicher, wenn er offen für Veränderungen bleibt und sich weiterentwickeln kann: Fallen alte Aufgaben weg, kommen neue hinzu.

Die Zusammenarbeit mit KI mag einfacher klingen, als sie tatsächlich ist. Wie bereits angedeutet, wird oft angenommen, dass Menschen mit KI-Unterstützung in ihrem Beruf leistungsfähiger sind als ohne. Aber trifft dies wirklich zu? Genau diese Frage wurde in zahlreichen Experimenten untersucht. Tatsächlich gibt es viele Beispiele, in denen Menschen zusammen mit KI deutlich bessere Ergebnisse erzielten. Überraschenderweise zeigte sich jedoch oft auch das Gegenteil. In vielen Fällen brachte die Zusammenarbeit von Mensch und KI keine Verbesserung gegenüber der Arbeit eines Menschen oder der KI allein. Der häufigste Grund dafür war eine falsche Aufgabenverteilung: Wenn Mensch und KI dieselben Aufgaben bearbeiten, statt ihre jeweiligen Stärken zu nutzen, verschlechtert sich das Endresultat. Um die Vorteile der Zusammenarbeit voll auszuschöpfen, müssen Menschen daher verstehen, wie KI funktioniert und wie sie diese optimal einsetzen können.

Eine kürzlich durchgeführte Studie aus der Medizin verdeutlicht dieses Prinzip besonders gut. Forschende verglichen die Diagnosefähigkeit von drei Gruppen – Ärzte allein, KI allein sowie Ärzte mit KI-Unterstützung. Die überraschende Erkenntnis: Die KI allein erzielte nicht nur bessere Ergebnisse als die Ärzte, sondern auch als die Kombination aus Ärzten und KI. Der entscheidende Unterschied lag dabei in der Nutzung der KI: Die Forscher wussten genau, wie sie die richtigen Fragen an das System stellen mussten, die Ärzte hingegen standen noch am Anfang dieses Lernprozesses. Ihre Art und Weise, mit der KI zu kommunizieren, war nicht optimal. Doch wie wir im Kapitel über Sprachmodelle gesehen haben, hängt die Qualität der KI-Antworten entscheidend von der Formulierung der Anfragen ab. Das Ergebnis zeigt deutlich: Eine erfolgreiche Zusammenarbeit mit KI entsteht durch praktisches Ausprobieren und Lernen. Je besser wir verstehen, wie KI funktioniert, und je häufiger wir sie einsetzen, desto mehr profitieren wir von ihr. Technologische Offenheit bedeutet deshalb vor allem eines: den Mut zu haben, mit KI zu arbeiten und dabei ständig dazuzulernen.

Als letzten Punkt möchte ich auf eine Beobachtung vom Anfang des Kapitels zurückkommen: Jede neue Technologie verändert die Arbeit und ersetzt bestimmte Tätigkeiten, aber sie schafft auch immer wieder neue. Bei der KI wird das nicht anders sein. Oft unterliegen wir der Illusion, dass die Menge der zu erledigenden Arbeit begrenzt sei. Glaubt man an diese Illusion, erscheint die Technologie natürlich als Bedrohung, da sie laufend Tätigkeiten ersetzt und früher oder später zu massiver Arbeitslosigkeit führen müsste. Doch, wie gesagt, zeigt die Geschichte, dass diese Annahme falsch ist. Wir Menschen erfinden ständig neue Tätigkeiten, Aktivitäten und Geschäftsfelder. Ich stelle mir das wie einen wachsenden Kreis vor: Technologie automatisiert von innen heraus immer mehr, doch gleichzeitig erweitert sich der Kreis nach außen. An seinem Rand entstehen ständig neue Tätigkeitsfelder. Genau hier, an der Grenze zwischen Bekanntem und Neuem, findet die eigentliche Wertschöpfung statt – in Bereichen, die noch nicht automatisiert werden können, weil sie neu, komplex und oft noch nicht vollständig verstanden sind. Und da dieser Rand mit dem Kreis mitwächst, nimmt auch das gesamte Arbeitsvolumen zu. So ergeben sich Beschäftigungsmöglichkeiten in Bereichen, die wir uns heute noch kaum vorstellen können.

Ja, der Rand dieses Kreises mag manchem unheimlich erscheinen. Er ist unbekannt und unberechenbar. Doch genau hier entstehen die spannendsten Möglichkeiten. Hier können wir kreativ werden und Neues erschaffen. Zwar geht alles sehr schnell – verrückt schnell. Aber wir können diese Verrücktheit als Chance begreifen. Denn am Rand des Kreises wartet nicht das Ende der Arbeit; im Gegenteil: Hier beginnt ihre Zukunft. Um an diesem wachsenden Rand mitzuwirken, müssen wir selbst wachsen und lernen. Das gelingt besonders gut, wenn wir uns aktiv mit den neuen Entwicklungen auseinandersetzen, neue Fähigkeiten erwerben und manchmal sogar ganz neue Wege des Lernens entdecken. Bildung und Weiterbildung werden dabei immer wichtiger, und auch sie werden durch KI grundlegend verändert, wie wir im nächsten Kapitel sehen werden.

8 Der allgegenwärtige Aristoteles

Es ist noch gar nicht so lange her, da war der Begriff »KI« kaum zu hören. In der breiten Öffentlichkeit hatte die Debatte über Künstliche Intelligenz noch nicht begonnen – dies änderte sich erst mit dem Aufkommen von ChatGPT. In der Wissenschaft war man zudem noch dabei, sich vom letzten »KI-Winter« zu erholen, jener Phase, in der sich viele optimistische Versprechen zu den Möglichkeiten von KI als überzogen herausgestellt hatten. Welcher Begriff wurde damals unter Fachleuten verwendet, wenn sie über dieses Feld sprachen? Es war ein Begriff, der sogar ein paar Jahre jünger ist als »Künstliche Intelligenz« selbst: Maschinelles Lernen.

Maschinelles Lernen und KI sind eng miteinander verbunden. Die frühen Arbeiten im Bereich des maschinellen Lernens entstanden aus dem Bedürfnis, Künstliche Intelligenz zu schaffen. Die Grundidee ist dabei bestechend einfach: Statt einem Computer Schritt für Schritt vorzugeben, wie er eine Aufgabe lösen soll, lässt man ihn aus Beispielen lernen. Dieses Konzept haben wir bereits kennen gelernt, als wir uns die KI-Netzwerke angesehen haben, auf denen nahezu alle modernen KI-Modelle basieren. Doch über weite Teile der Geschichte war das maschinelle Lernen wesentlich einfacher, da ohne neuronale Netzwerke und mit deutlich weniger Daten. Mit der Zeit wurden die Modelle vielschichtiger und die verwendeten Datenmengen größer. Heute sind wir bei den hoch entwickelten, komplexen Modellen angekommen, die wir in früheren Kapiteln besprochen haben. Diese Modelle werden mit enormen Mengen an Daten trainiert, und wir sagen, sie »lernen« aus diesen Daten. Doch handelt es sich dabei wirklich um Lernen?

Eine Diskussion darüber, was Lernen bedeutet, wäre vermutlich genauso wenig zielführend wie eine über den Begriff »Intelligenz«. Natürlich »lernen« KI-Modelle aus den Daten, auf denen sie trainiert werden. Doch dieser Prozess hat nur wenig mit unserem menschlichen Verständnis von Lernen zu tun. Besonders deutlich wird der Unterschied, wenn wir uns die Bilderkennung ansehen. Um einer KI beizubringen, einen Hund von einer Katze zu unterscheiden, müssen wir sie mit Hunderten, oft sogar Tausenden von korrekt kategorisierten Bildern trainieren. Wie wir bereits gesehen haben, passen sich dabei die Parameter des Netzwerks so an, dass es schließlich zwischen Hund und Katze unterscheiden kann. Vergleichen Sie das mit einem Kleinkind: Wie viele Bilder von Hunden und Katzen muss es sehen, bevor es diese zuverlässig unterscheiden kann? Oft reichen dafür bereits eine Handvoll Beispiele aus. Das menschliche Lernen unterscheidet sich also grundlegend vom maschinellen.

Wie wir gesehen haben, ist es allerdings nicht ganz fair, maschinelles Lernen direkt mit menschlichem Lernen zu vergleichen. Der größte Teil des Lernens moderner KI-Modelle geschieht in der Vortrainingsphase. Diesen Prozess könnte man eher mit der Evolution vergleichen, in der über Hunderte von Millionen Jahren das menschliche Gehirn entstanden ist. Was wir beim Menschen als Lernen bezeichnen, entspricht bei der KI eher dem Nachtraining. In dieser Phase erklären wir dem Modell, wie es sich verhalten soll, und geben ihm neue Daten, auf deren Grundlage es sich gezielt und rasch anpassen kann. Dieser Lernprozess ist auch beim Menschen entscheidend – und wird oft unterschätzt. Wie bereits erwähnt, unterscheidet sich unser Gehirn im Wesentlichen kaum von dem unserer Vorfahren vor 10 000 Jahren. Doch der Lernprozess, dem Kinder heute ausgesetzt sind, führt dazu, dass sie als Erwachsene nicht mehr Tiere jagen und Beeren sammeln, sondern auf den Mond fliegen, Atomkerne spalten oder die eigene DNA analysieren. Mit anderen Worten: Die Leistungsfähigkeit unseres Gehirns ist nicht grundlegend anders als vor 10 000 Jahren. Es ist das Lernen voneinander und die Weitergabe von Wissen über Generationen hinweg, die den entscheidenden Unterschied ausmachen.

Die Weitergabe von Wissen hat sich über Jahrtausende hinweg entwickelt. In frühen Gesellschaften fand Lernen vor allem innerhalb der Familie und der Gemeinschaft statt. Mit der Erfindung der Schrift in Mesopotamien entstanden die ersten bekannten Schulen, die hauptsächlich der Ausbildung von Schreibern dienten. Diese hochspezialisierten Beamten waren für die Verwaltung der frühen Staaten unverzichtbar: Sie dokumentierten Steuereinnahmen, verfassten Verträge und führten Handelsbücher. Im mittelalterlichen Europa lag die Wissensvermittlung hauptsächlich in Händen der Klöster. Mit der Gründung der ersten Universitäten im 12. und 13. Jahrhundert – etwa in Bologna, Paris und Oxford – entstanden neue Zentren des Wissens. Eine systematische Bildung breiter Bevölkerungsschichten setzte jedoch erst mit Einführung der allgemeinen Schulpflicht ein, die sich in den meisten europäischen Ländern zwischen dem 18. und 19. Jahrhundert etablierte. Dieses System wurde über die folgenden Jahrhunderte kontinuierlich weiter ausgebaut.

Doch obwohl sich die Lerninhalte drastisch verändert haben – von der Kunst des Schreibens auf Tontafeln hin zu Programmieren und Quantenphysik –, hat sich die Art und Weise des Lernens kaum gewandelt. Noch immer sitzen Lernende meist in Gruppen vor einer Lehrperson, die Wissen vermittelt. Ein Klassenzimmer vor hundert Jahren würde sich nicht wesentlich von einem heutigen unterscheiden, abgesehen von modernen Hilfsmitteln wie Laptops oder Beamern. Das ist angesichts des rasanten technologischen Wandels bemerkenswert. Zwar gibt es immer wieder Forderungen, die Bildung grundlegend neu zu denken und regelmäßig zu reformieren, doch der Druck für tiefgreifende Änderungen bleibt gering: Das bestehende System funktioniert schließlich nach wie vor erstaunlich gut. Mit KI könnte jedoch ein Wandel angestoßen werden, der das Bildungssystem möglicherweise grundlegend verändert. Lassen Sie uns gemeinsam einen Blick darauf werfen.

Nach dem Erscheinen von ChatGPT wurde schnell klar, dass Schulen und Universitäten vor einer großen Herausforderung stehen würden. Plötzlich gab es ein System, das Probleme lösen und Texte verfassen konnte, und das in einer beeindruckenden Qualität. Lernende entdeckten rasch die vielfältigen Möglichkeiten: Hausaufgaben erledigen, Übungsaufgaben lösen, komplexe Texte zusammenfassen oder literarische Werke analysieren, und all das auf Knopfdruck. Die anfängliche Phase, in der KI-generierte Texte aufgrund von Halluzinationen leicht zu erkennen waren, ging rasch vorbei. Unruhe breitete sich aus, als klar wurde, dass Schülerinnen und Studenten die KI nicht nur für einfache Aufgaben nutzten, sondern auch für Seminararbeiten, Aufsätze und sogar Abschlussarbeiten. Hinzu kam, dass das System nicht nur verfassen, sondern auch mathematische Probleme lösen, Programmiercode erstellen und bei Recherchen unterstützen konnte.

Zwei Fragen drängen sich sofort auf: Wie können wir Lernende überhaupt noch bewerten, wenn wir nicht mehr wissen, ob sie ihre Arbeiten selbst geschrieben haben? Und ist die Nutzung von KI ein Plagiat, also genauso schlimm, als hätte man abgeschrieben oder jemand anderen die Arbeit schreiben lassen? Die erste Frage lässt sich meiner Meinung nach etwas einfacher beantworten. Wenn wir eine Arbeit – sei es ein einfaches Übungsresultat oder eine umfangreiche Abschlussarbeit – nicht mehr klar von KI-generierten Inhalten unterscheiden können, müssen wir die Bewertung anders gestalten. Eine naheliegende Lösung sind beaufsichtigte Prüfungen, bei denen der Zugang zu KI nicht möglich ist. Schwieriger wird es bei komplexen Arbeiten, die sich nicht innerhalb von zwei Stunden erledigen lassen. Hier liegt der Schlüssel darin, das Verständnis der Arbeit gezielt in einer Prüfung abzufragen. So lässt sich rasch feststellen, ob der Lerneffekt tatsächlich eingetreten ist, was ja letztlich das Hauptziel von Bildung ist.

Die Frage, ob KI-generierte Inhalte als Plagiate gelten, ist deutlich komplexer. Wie wir bereits gesehen haben, ist es oft schwierig, überhaupt zu diesem Schluss zu kommen, da sich die Qualität der Inhalte stetig verbessert. Doch selbst wenn, stellt sich gleich die nächste Frage: Ab wann ist etwas ein Plagiat? Und ist ein KI-generierter Text wirklich ein Plagiat? Per Definition ist ein Plagiat die Aneignung der intellektuellen Arbeit eines anderen, wobei dieser »andere« normalerweise ein Mensch oder ein von Menschen geschaffenes Werk ist. Interessanterweise stammt das Wort Plagiat vom lateinischen »plagiarius«, was so viel bedeutet wie »Menschenräuber«. Im Falle von KI-generierten Inhalten wird jedoch weder ein Mensch noch dessen Werk direkt »geraubt« – der Inhalt entsteht durch eine Maschine. Hinzu kommt, dass selbst die Maschine den

Inhalt nur mithilfe unserer Eingabe erstellt, die ihrerseits einzigartig sein kann.

Tatsächlich hängt die Qualität des Ergebnisses eines KI-Modells maßgeblich von der Qualität der Eingabe ab. Diese Eingabe wird, aus dem Englischen übernommen, Prompt genannt. Die enge Abhängigkeit des Ergebnisses vom Prompt führte dazu, dass viel Wert auf dessen Optimierung gelegt wurde, wodurch sogar neue Tätigkeiten wie jene des Prompt Engineering entstanden sind. Lassen Sie mich Ihnen einige praktische Beispiele geben: Die Qualität eines Ergebnisses verbessert sich meist deutlich, wenn Sie der Eingabe ein paar Beispiele beifügen, die das gewünschte Format oder Ergebnis vorgeben. Möchten Sie beispielsweise ein Textstück bewerten lassen, lohnt es sich, der KI einige Beispieltexte samt Bewertungen mitzugeben, statt nur allgemein um die Bewertung eines bestimmten Textes zu bitten. Eine weitere interessante Beobachtung ist, dass bei komplexeren Aufgaben das Ergebnis oft besser ausfällt, wenn man das Modell dazu auffordert, die Lösung Schritt für Schritt zu erklären oder in Teilschritten zu denken. Warum genau solche Strategien funktionieren, lässt sich nicht abschließend sagen; man kann sie nur beobachten und nutzen.

Trotz der Kunst des Prompt Engineerings bleibt die Frage bestehen, ob ein von KI generierter Text als eigenes Original gelten kann, unabhängig davon, wie ausgeklügelt der Prompt war, der zu diesem Text geführt hat. Und was ist mit einem Fall, in dem ich einen Text zunächst selbst verfasse und ihn danach der KI gebe, um ihn stilistisch verbessern zu lassen? Ist das noch in Ordnung, oder zählt das bereits als Plagiat? Und falls das akzeptabel ist: Wo ziehen wir die Grenze? Was passiert beispielsweise, wenn ich die KI zuerst darum bitte, mir eine Textstruktur vorzuschlagen, diese dann selbst ausfülle, den Text anschließend stilistisch von der KI verfeinern lasse und schließlich gezielt Schwachstellen meiner Argumentation mithilfe der KI behebe? Ist das dann noch mein eigener Text? Schnell wird deutlich, dass die Situation zunehmend schwammig wird. Die Grenze zwischen selbstgeschriebenem und KI-gestütztem Text verschwimmt – und genau hier stellt sich die Frage, wie wir künftig mit solchen Grauzonen umgehen wollen.

Eine pragmatische Antwort, die ich derzeit sehr interessant finde, lautet: Nicht die Art und Weise, wie der Text entstanden ist, sollte entscheidend sein, sondern ob ich bereit bin, meinen Namen darunterzusetzen. Wenn ich sage: Ja, ich stehe hinter diesem Text, er drückt aus, was ich sagen will, und ich verbinde meinen Namen damit, dann ist das in Ordnung. Natürlich könnte man hier einwenden, dass diese Haltung auch klassische Plagiate legitimieren würde, die wir ablehnen, weil sie überhaupt keine Fähigkeiten widerspiegeln. Eine Person, die fremde Texte als ihre eigenen ausgibt, wird früher oder später jedoch entlarvt, weil irgendwann klar wird, dass sie nicht in der Lage ist, solche Arbeiten selbständig zu erstellen.

Abschreiben empfinden wir aber auch als unfair, weil es nur Wohlhabenden möglich ist, sich solche Dienstleistungen zu kaufen. Doch genau hier ändert sich mit der KI etwas Grundlegendes. Hochwertige Unterstützung bei der Texterstellung wird für viele erschwinglich oder sogar kostenlos zugänglich und bleibt kein Privileg weniger. Darüber hinaus wird die Fähigkeit, mithilfe von KI in kurzer Zeit hochwertige Texte zu generieren, zu einer wertvollen Kompetenz. Die eigentliche Fertigkeit liegt dann nicht mehr ausschließlich im Schreiben selbst, sondern im geschickten Einsatz der KI, um überzeugende Ergebnisse zu erzielen. In diesem Sinne wird die Zusammenarbeit mit KI in Zukunft wahrscheinlich nicht mehr als Schummelei betrachtet, sondern als eine neue Form der Zusammenarbeit, Produktivität und Kreativität. Doch auch hier gilt, wie so oft in der verrückten Welt der KI: Abschließende Antworten gibt es noch keine, und vielleicht wird es sie auch nie geben. Trotzdem ist es entscheidend, dass wir uns mit solchen Fragen auseinandersetzen. Lernende müssen klar verstehen, was von ihnen erwartet wird, was erlaubt ist und was nicht. Lehrpersonen wiederum tragen die Verantwortung, sich selbst mit diesen Werkzeugen vertraut zu machen – denn nur wer die Möglichkeiten und Grenzen der KI aus eigener Erfahrung kennt, kann Lernenden zeigen, wie man sie effektiv und verantwortungsvoll nutzt. Die Fähigkeit, mit KI umzugehen, wird zu einer zentralen Kompetenz für Lehrende, die nicht nur beherrscht, sondern auch aktiv weitergegeben werden muss.

Schauen wir uns nun aber die positiven Möglichkeiten der KI in der Bildung an – und davon gibt es viele. Mindestens drei zentrale Ansätze sehe ich dabei: Erstens ermöglicht KI endlich echtes personalisiertes Lernen, eine Idee, über die wir zwar seit Jahrzehnten sprechen, die jedoch erst mithilfe von KI realisierbar wird. Zweitens wird KI Lehrpersonen von stark repetitiven Aufgaben entlasten, sodass ihnen mehr Zeit für pädagogische und zwischenmenschliche Tätigkeiten bleibt. Drittens könnte KI den Zugang zu Bildung erheblich verbessern. Diese Idee existiert zwar schon seit dem Aufkommen des Internets, aber erst in Verbindung mit KI erhält sie das Potenzial, tatsächlich Wirklichkeit zu werden. Betrachten wir diese drei Ansätze nun im Detail.

Sicher erinnern Sie sich an Momente in Ihrer Ausbildung oder Weiterbildung, in denen Sie dachten: Ich verstehe das einfach nicht. Auch die Lehrperson konnte oft nur begrenzt helfen, sei es aus Zeitmangel oder weil sie nicht genau wusste, wo Ihr Verständnisproblem lag. Ich selbst erinnere mich an viele solche Situationen, und als jemand, der an einer Hochschule arbeitet, erlebe ich diese praktisch jede Woche. Es ist tatsächlich schwierig zu erklären, warum man etwas nicht versteht; oft weiß man selbst nicht, welche Zwischenschritte fehlen. In solchen Fällen bleibt meist nur das Warten auf jemanden, der einem helfen kann – vorausgesetzt, diese Person besitzt nicht nur die fachliche Expertise, sondern auch das pädagogische Talent, das Unverständnis nachzuvollziehen. Bleibt diese Hilfe aus, führt das oft zu einem resignierten »Ich verstehe das halt einfach nicht, aber ich muss weitermachen«. Auf diese Weise stapelt sich Verständnislücke auf Verständnislücke – eine Dynamik, die in MINT-Fächern (Mathematik, Informatik, Naturwissenschaften und Technik) besonders blockierend sein kann, da hier meist jedes neue Konzept auf dem Verständnis der vorhergehenden Schritte aufbaut.

Genauso gab es aber sicherlich auch Momente, in denen Sie in bestimmten Bereichen besonders stark waren – oder gar stärker als die meisten anderen in Ihrer Klasse. Doch die Lehrperson hatte keine Zeit, Ihre Stärken gezielt zu fördern, da der Fokus darauf lag, sicherzustellen, dass alle wenigstens das Mindestniveau erreichen. Solche Situationen können äußerst frustrierend sein, da man das Gefühl bekommt, unter seinem Potenzial zu bleiben. Natürlich könnte man versuchen, sich privat weiterzubilden, aber das ist oft schwierig – nicht zuletzt deshalb, weil man häufig gar nicht weiß, welche nächsten Schritte auf dem eigenen Lernweg sinnvoll wären. Auch hier ist man auf Unterstützung von außen angewiesen. Diese gezielte Förderung war über lange Zeit ein Privileg der wohlhabenden Schichten. Die wohl bekanntesten Beispiele dafür finden sich bereits im antiken Griechenland: So war der Privatlehrer von Alexander dem Großen niemand Geringeres als Aristoteles, einer der einflussreichsten Philosophen der Menschheitsgeschichte. Wer weiß – hätten auch wir einen Aristoteles als Privatlehrer gehabt, würde vielleicht nicht nur ein Alexander, sondern könnten auch wir einmal mit dem Zusatz »groß« in die Geschichtsbücher eingehen.

Genau dieses Privileg eines persönlichen Mentors könnte durch KI nun erstmals für alle zugänglich werden. Stellen Sie sich vor: Eine Art »digitaler Aristoteles«, der Ihre persönlichen Stärken erkennt, gezielt fördert und dabei unermüdlich auf Ihre individuellen Lernbedürfnisse eingeht. Ein Lehrer, der Schwächen in Ihren Antworten erkennt und maßgeschneiderte Übungen erstellt, ähnlich einem Sporttrainer, der gezielt Programme zusammenstellt, um Schwächen abzubauen. Dieser digitale Mentor ist weder durch Zeit oder Ressourcen noch durch die Bedürfnisse anderer Lernender eingeschränkt. Stattdessen passt er sich vollständig Ihrem Lerntempo und Ihren Interessen an. Er spricht nicht nur Ihre Sprache, sondern formuliert auch auf eine Weise, die Sie verstehen und schätzen. Diese Art von personalisiertem Lernen ist keine Zukunftsvision mehr – Sie können sie bereits heute mit KI-Diensten wie ChatGPT oder Claude erleben.

Wenn Sie skeptisch sind, lade ich Sie ein, es selbst auszuprobieren: Starten Sie eine Konversation mit einem KI-Service Ihrer Wahl. Stellen Sie eine wissenschaftliche oder mathematische Frage – etwas, das Sie schon immer verstehen wollten, aber bisher nicht verstanden haben. Lesen Sie die Antwort. Verstehen Sie sie? Falls nicht, teilen Sie dies mit. Experimentieren Sie. Bitten Sie die KI, es Ihnen zu erklären, als wären Sie fünf Jahre alt, dann zehn, dann fünfzehn. Verlangen Sie Beispiele. Fragen

Sie nach Zwischenschritten, wenn Ihnen etwas unklar ist. Finden Sie die Antworten zu lang? Sagen Sie das. Möchten Sie eine Erklärung mit Metaphern? Bitten Sie darum. Versuchen Sie, die Antwort mit Ihren eigenen Worten zu erklären, und fragen Sie die KI, ob Ihre Erklärung korrekt ist. Falls nicht, lassen Sie sich den Fehler zeigen. Bitten Sie die KI, es nochmals zu erklären – diesmal besser. Sie werden erstaunt sein, wie unglaublich anpassungsfähig die KI ist. Sie wird nicht müde. Sie scheint tatsächlich zu wollen, dass Sie es verstehen. Sie gibt nicht auf. Sie hat unendlich viel Geduld und holt Sie genau dort ab, wo Sie gerade stehen. Sie geht auf Ihre Denkfehler ein, rund um die Uhr, sieben Tage die Woche.

Die Möglichkeiten, die sich hier eröffnen, sind immens. Wir könnten tatsächlich an einen Punkt gelangen, an dem Unverständnis nicht mehr daran liegt, dass es an personalisierten, maßgeschneiderten Erklärungen fehlt. Stellen Sie sich vor: Jedes Kind erhält Zugang zu dieser Technologie und kann jedes Missverständnis schnell klären, unterstützt durch individuell zugeschnittene Übungen. Mit einem »digitalen Aristoteles« werden alle Schülerinnen und Schüler ihre Wissensgrenzen bis zum Maximum ihrer Fähigkeiten ausloten können, vorausgesetzt, sie sind motiviert und haben genügend Zeit. Selbst Motivation könnte durch KI gefördert werden. Wer kennt nicht die oft entwaffnende Frage von Kindern oder Lernenden: »Wofür brauche ich das?« Eine Frage, die Lehrpersonen und Eltern gleichermaßen überfordern kann. Genau hier kann KI unterstützen, indem sie spezifische, nachvollziehbare Antworten liefert, die direkt auf die Interessen der Lernenden zugeschnitten sind. Sie schafft Verbindungen zwischen Lerninhalten und individuellen Zielen oder Leidenschaften. Wie Sie merken, bin ich von den Möglichkeiten des personalisierten Lernens durch

KI begeistert, und ich hoffe, diese Begeisterung ist ein wenig auf Sie übergesprungen.

Kommen wir zum zweiten Punkt: der Möglichkeit, dass KI Lehrpersonen von stark repetitiven Aufgaben entlastet und ihnen so mehr Zeit für zwischenmenschliche und pädagogische Tätigkeiten verschafft. Die meisten Lehrerinnen und Lehrer wünschen sich, weniger Zeit mit Korrekturarbeiten zu verbringen und stattdessen mehr Raum für individuelle Betreuung und soziale Aspekte des Lernens zu haben. An Hochschulen übernehmen Lehrassistentinnen und -assistenten viele repetitiven Aufgaben, wie das Korrigieren von Arbeiten, und sind daher unersetzlich. Doch angesichts des anhaltenden Lehrermangels ist es unrealistisch, dass Lehrkräfte in Schulen zusätzliche Unterstützung in Form von Lehrassistenz erhalten. Digitale Lehrassistenten könnten hier Abhilfe schaffen. KI-Systeme können viele Korrekturen automatisch und effizient durchführen, und das nicht nur zur Entlastung der Lehrpersonen. Wie wir bereits gesehen haben, profitieren auch die Schülerinnen und Schüler davon. Schnellere und gezieltere Rückmeldungen bedeuten, dass sie unmittelbar auf ihre Fehler hingewiesen werden und so rascher daraus lernen. KI könnte so nicht nur den Unterrichtsalltag erleichtern, sondern auch die Qualität des Lernens insgesamt verbessern.

Stellen wir uns eine alltägliche Situation in einer Schule vor: Eine Schülerin bekommt eine Klassenarbeit mit einer schlechten Note zurück. Offensichtlich hat sie viele grundlegende Zusammenhänge nicht verstanden. Doch die Korrekturen sind spärlich, teils unleserlich und bieten kaum echte Hilfe. Der Lehrerin kann man dies kaum vorwerfen: Sie musste dreißig Prüfungen alleine korrigieren, und detaillierte Erklärungen zu jedem einzelnen Fehler sind unter diesen Bedingungen schlicht nicht möglich. Die Schülerin bleibt enttäuscht zurück, in der Hoffnung, dass sie die Fehler irgendwie selbst nachvollziehen kann – vielleicht mit Unterstützung von Eltern oder Freunden. Betrachten wir nun eine Zukunft, in der KI Prüfungen korrigiert. Die Schülerin loggt sich in das Schulsystem ein, um ihre Prüfung samt Note einzusehen. Doch diesmal ist alles anders: Die KI hat nicht nur sämtliche Fehler erkannt, sondern bietet zu jedem einzelnen eine interaktive Erklärung an. Sie analysiert die Fehler, erklärt sie ausführlich und generiert passende Übungen, um das Verständnis für die jeweilige Thematik zu festigen. Die Schülerin hat somit die Möglichkeit, gezielt an ihren Schwächen zu arbeiten, und zwar sofort, jederzeit und auf ihre individuellen Bedürfnisse zugeschnitten. Auch die Lehrerin profitiert enorm: Sie spart Zeit, da sie die Prüfungen weder selbst korrigieren noch jede Frage einzeln klären muss. Stattdessen erhält sie von der KI eine präzise Zusammenfassung darüber, welche Konzepte von der Klasse besonders häufig missverstanden wurden. Diese Informationen helfen ihr, den Unterricht gezielt anzupassen und auf die Bedürfnisse der Schülerinnen und Schüler einzugehen. Was nach reiner Zukunftsmusik klingt, wird in ersten Schulen bereits erprobt.

Die Unterstützung durch KI für Lehrpersonen kann bereits viel früher ansetzen, etwa bei der Erstellung von Prüfungen. Wer das schon einmal selbst gemacht hat, weiß, wie herausfordernd dies sein kann: Die Fragen dürfen weder zu einfach noch zu schwierig sein, sie sollen Wissen und Verständnis abfragen und gleichzeitig klar formuliert sein. Genau hier kann KI einen großen Unterschied machen. Dank ihres Verständnisses für Inhalte und Lernziele kann sie Lehrpersonen helfen, Prüfungsfragen zu erstellen oder zu verbessern. KI könnte sogar eine ausgewogene Prüfung vorschlagen, die den Unterrichtsinhalten gerecht wird. Doch die Hilfe endet nicht bei Prüfungen. Bereits bei der Planung und Gestaltung des Unterrichts kann KI wertvolle Unterstützung bieten. Wenn sie Zugang zu Unterrichtsmaterialien und Lernzielen hat, kann sie Vorschläge für Lerneinheiten machen, passende Übungen empfehlen und Feedback zur Verständlichkeit geben.

Angesichts all dieser Möglichkeiten stellt sich die Frage: Brauchen wir dann überhaupt noch Lehrpersonen? Die Antwort ist eindeutig: Ja, und zwar mehr denn je. Lehrpersonen haben weit mehr Aufgaben, als bloß Wissen zu vermitteln. Sie fördern soziale Kompetenzen, motivieren, bauen Beziehungen auf und passen sich individuell den Bedürfnissen der Lernenden an. KI ist nicht dazu da, Lehrpersonen zu ersetzen, sondern sie auf produktive Weise zu unterstützen. Computer sind heute unverzichtbare Werkzeuge in der Arbeitswelt, in der Schule wird KI eine ähnliche Rolle spielen – mit dem entscheidenden Vorteil, dass sie Inhalte versteht. Es geht also nicht darum, das Kind mit dem Bade auszuschütten und KI in der Schule zu verdammen, sondern die Werkzeuge sinnvoll zu nutzen, um die Arbeit von Lehrpersonen effektiver und bereichernder zu gestalten.

Damit kommen wir zum dritten Punkt: Bildung für alle zugänglich zu machen. Wir haben bereits über personalisiertes Lernen gesprochen und über die zahlreichen Vorteile, die KI in diesem Bereich bieten kann. Doch für einen großen Teil der Menschheit bleibt Bildung ein ferner Traum, entweder weil sie nicht verfügbar, zu teuer oder zu zeitaufwendig ist. Das betrifft nicht nur die Ärmsten der Armen, sondern zunehmend auch die Mittelschicht, für die hochwertige Bildung immer kostspieliger wird. Auch Weiterbildung, die gerade in rasch wandelnden Zeiten wie diesen immer wichtiger wird, ist oft schwer zugänglich – sei es, weil für klassische Kursformate die Zeit fehlt oder weil diese schlichtweg zu teuer sind.

In den letzten Jahrzehnten gab es viele Versuche, dieses Problem mit dem immer weiter verbreiteten Internet zu lösen. Die Idee war einfach: Wenn die meisten Menschen Zugang zum Internet haben, sollte Onlinebildung doch eigentlich allen den Weg zu Wissen und Verständnis öffnen – überall, jederzeit und fast kostenlos. Einige Onlinekurse hatten durchaus Erfolg, allerdings nicht in dem erhofften Ausmaß. Zwar erreichten diese Kurse Zehn- oder Hunderttausende Menschen, doch letztlich fehlte es an Unterstützung durch Lehrpersonen. Oft boten die Kurse schöne Videos, doch sobald Fragen auftauchten, wurde es kompliziert. Viele empfanden es als genauso unangenehm, ihr Unwissen in einem Onlineforum zu zeigen, wie in einer Schulklasse die Hand zu heben und zuzugeben, dass sie etwas nicht verstanden hatten. Und allzu häufig blieben gestellte Fragen einfach unbeantwortet. Hinzu kam, dass die große Mehrheit der Kurse und Diskussionsforen ausschließlich auf Englisch verfügbar war, eine weitere, oft unüberwindbare Hürde für viele Lernende weltweit.

Auch hier kann KI Abhilfe schaffen, indem sie sich auf das jeweilige Bildungs- und Sprachniveau einstellt. Nehmen Sie einmal an, ein Handwerker möchte sich nach Feierabend weiterbilden und hat dafür nur dreißig Minuten Zeit. Eine alleinerziehende Mutter plant einen beruflichen Neustart, oder ein Jugendlicher in einem abgelegenen Dorf träumt davon, eines Tages zu studieren – sie alle könnten mithilfe von KI-gestützter Bildung ihre Ziele erreichen. Anders als bei klassischen Onlinekursen wären sie dabei mit ihren Fragen nicht mehr allein. Die KI würde sie auf ihrem individuellen Lernweg begleiten, geduldig alle Unklarheiten klären und sich jederzeit ihrem Tempo und Wissensstand anpassen. Und das Beste daran: Sie könnte dies in praktisch jeder Sprache tun. Ein Konzept könnte gleichzeitig auf Deutsch, Chinesisch oder Arabisch erklärt werden, mit Beispielen und Metaphern, die zum jeweiligen kulturellen Kontext passen. Dass Weiterbildung an fehlenden Sprachkenntnissen scheitert, würde so endgültig der Vergangenheit angehören.

In Regionen mit akutem Lehrermangel könnte KI eine wichtige Rolle übernehmen. Ähnliche Hoffnungen gab es bereits mit dem Aufkommen des Internets, durch das Bildung weltweit verfügbar gemacht werden könnte. Die bisherige Erfahrung hat jedoch gezeigt, dass der reine Zugang zu Bildungsmaterial über das Internet nicht ausreicht. Was vor allem fehlte, waren grundlegende Strukturen eines funktionierenden Bildungssystems: Menschen, die Unterricht organisieren, Lernziele setzen und einen geregelten Schulalltag ermöglichen. Ebenso fehlte ein echtes Gegenüber; jemand, der erklärt, nachfragt, ermutigt und hilft, wenn man nicht weiterkommt. Hier könnte KI eine Lücke schließen und sich je nach Region unterschiedlich einbringen. In Gebieten mit guter digitaler Infrastruktur könnte sie engagierte Personen vor Ort unterstützen, zum Beispiel, wenn jemand Kindern Mathematik beibringen möchte, sich dabei aber fachlich unsicher fühlt. Ein KI-gestütztes Lernsystem mit minimaler menschlicher Begleitung wäre zumindest besser als gar kein Unterricht. Auch wenn dies keine dauerhafte Lösung ist, könnte es in solchen Fällen einen wichtigen Übergang schaffen und Bildungschancen eröffnen, wo zuvor keine existierten.

Die Möglichkeiten, mit KI die Bildung zu unterstützen, sind also immens. Doch selbst die beste Technologie steht vor einer großen Herausforderung, wenn es um die menschliche Motivation geht. Wer kennt das nicht? Da haben wir uns fest vorgenommen, heute Abend noch eine Stunde zu lernen – und dann lockt doch das Sofa, das Handy oder irgendetwas anderes. Manchmal fehlt uns nach einem langen Arbeitstag einfach die Energie, manchmal erscheint uns das Lernziel zu weit entfernt, oder wir zweifeln an uns selbst. Doch auch hier könnte die KI helfen, denn sie besitzt eine besondere Fähigkeit, die wir bisher noch gar nicht angesprochen haben: Überzeugungskraft.

Stellen Sie sich vor, die KI könnte uns genau dann motivieren, wenn uns die eigene Motivation fehlt. Und das auf eine Weise, die exakt auf uns zugeschnitten ist, sodass sie bei uns persönlich am besten wirkt. Wäre das nicht eine großartige Möglichkeit, die uns dabei helfen könnte, unsere Ziele trotz innerer Widerstände zu erreichen? Wir wissen inzwischen: KI kann lesen und schreiben, hören und sprechen. Und sie kann sich dabei hervorragend an unseren Wissensstand, unser Sprachniveau und unseren individuellen Hintergrund anpassen. Das ist nicht nur praktisch, sondern führt auch dazu, dass KI-generierte Inhalte tatsächlich oft erstaunlich überzeugend wirken. Und das ist durchaus nachvollziehbar. Überlegen Sie einmal, wann Sie zuletzt von jemandem überzeugt wurden. Vermutlich hat Ihr Gegenüber Sie genau dort abgeholt, wo Sie standen: Es wurde Ihre Sprache gesprochen, Ihre Denkweise verstanden und gezielt auf Ihre Anliegen eingegangen, mit Geduld und Verständnis. Genau diese Eigenschaften zeigt auch KI, wenn auch aus völlig anderen Gründen.

Dies wurde bereits in mehreren Studien bestätigt. Forschende untersuchten, wie überzeugend KI in Gesprächen sein kann – mit erstaunlichen Ergebnissen. In einer Studie zeigte sich, dass KI Menschen sogar besser überzeugen konnte als ein menschliches Gegenüber, insbesondere wenn sie ihre Argumente anhand von Merkmalen wie Alter, Bildung oder Herkunft anpasste. Eine weitere Studie ging der Frage nach, ob Gespräche mit KI Menschen helfen können, ihren Glauben an Verschwörungstheorien zu überdenken. Die Ergebnisse waren bemerkenswert: Nach persönlichen Gesprächen mit der KI waren die Teilnehmer deutlich offener für andere Sichtweisen. Diese Veränderung hielt sogar über Monate an und wirkte sich auch auf ihr Verhalten aus, zum Beispiel darauf, welche Inhalte sie in sozialen Medien teilten. Beide Studien nutzten KI-Systeme, die mittlerweile bereits durch bessere ersetzt worden sind. Man kann sich vorstellen, wie viel mehr in Zukunft möglich sein wird, wenn sich die Technologie weiterentwickelt.

Wahrscheinlich denken Sie jetzt: Wenn KI uns von Verschwörungstheorien abbringen kann, könnte sie uns dann nicht genauso gut davon überzeugen? Und ist der Begriff »Verschwörungstheorie« nicht ohnehin oft überstrapaziert? Manchmal wurden ja auch legitime Meinungen vorschnell so bezeichnet. In beiden Punkten stimme ich Ihnen zu. Der entscheidende Aspekt hier ist die immense Überzeugungskraft der KI – und ja, diese kann tatsächlich in alle Richtungen wirken. Das ist eine Herausforderung, auf die wir später noch ausführlicher eingehen werden.

Die Bildungswelt steht also vor einem fundamentalen Wandel. Anders als frühere technologische Neuerungen wie Beamer oder Tablets, die letztlich nur neue Wege boten, Inhalte zu präsentieren, verändert KI das Lernen und Lehren in seinem Kern. Sie ermöglicht echtes personalisiertes Lernen, kann Lehrpersonen von Routineaufgaben entlasten und macht hochwertige Bildung für viel mehr Menschen zugänglich. Gleichzeitig wirft sie grundlegende Fragen auf: Was bedeutet es, etwas selbst gelernt oder geschrieben zu haben? Wie bewerten wir Leistungen in einer Welt, in der KI uns permanent unterstützen kann? Antworten auf diese Fragen werden wir nur gemeinsam finden können. Klar ist aber: Der Bildungssektor darf die Augen vor dieser Entwicklung nicht verschließen. Im Gegenteil: Er muss sich dringend an das hohe Tempo anpassen. Denn der kompetente Umgang mit KI entwickelt sich zu einer wesentlichen Fähigkeit – nicht erst in der Zukunft, sondern bereits heute. Schülerinnen und Schüler nutzen KI schon jetzt täglich, sei es für Hausaufgaben, Recherchen oder kreative Projekte. Lehrpersonen müssen diese Realität nicht nur anerkennen, sondern aktiv mitgestalten. Nur so können sie ihre Schützlinge zu einem verantwortungsvollen und effektiven Umgang mit diesen mächtigen Werkzeugen anleiten. KI wird das Lernen und Lehren radikal verändern. Die entscheidende Frage lautet nicht mehr, ob, sondern wie wir diese Technologie nutzen. Tun wir es klug, könnte ein jahrhundertealter Traum Wirklichkeit werden: Bildung, die wirklich allen offensteht, sich unserem individuellen Tempo anpasst und uns hilft, unser volles Potenzial zu entfalten – und zwar ein Leben lang.

9 Der Wissensbeschleuniger

Die Welt vor der wissenschaftlichen Revolution war völlig anders als die Welt, die wir heute kennen. Wenn wir 300 Jahre zurückgehen, ist der Vergleich mit unserem heutigen Leben geradezu erschütternd – selbst in den damals fortschrittlichsten Ländern und Städten. Die durchschnittliche Lebenserwartung lag unter vierzig Jahren. Die Mehrheit der Menschen konnte weder lesen noch schreiben. Informationen waren einer kleinen Elite vorbehalten, die per Brief und Boten kommunizierte. Ein Brief benötigte Monate, um von Europa nach Amerika zu gelangen. Eine Reise von Paris nach Rom dauerte Wochen – in einer unbequemen Pferdekutsche. Infizierte Wunden konnten schnell tödlich enden. Der Winter bedeutete oft dauerhafte Kälte und ein Leben im Halbdunkel, während im Sommer der Gestank von Müll und Fäkalien die Straßen erfüllte. Zahnschmerzen waren eine jahrelange Qual, für die es kaum Linderung gab. Das Wasser aus den städtischen Brunnen war häufig verseucht, weshalb Bier als sicherere Alternative galt. Frauen starben oft im Kindbett. Diese Liste ließe sich noch lange fortsetzen.

Wenn unsere Welt heute eine völlig andere ist, dann vor allem dank wissenschaftlicher und technologischer Durchbrüche. Wir verzichten an dieser Stelle auf eine Aufzählung all der Errungenschaften, die wir inzwischen als selbstverständlich ansehen, von moderner Medizin über Elektrizität bis hin zum Internet. Was uns jedoch nachdenklich stimmen sollte, ist die Frage, weshalb es so lange gedauert hat, diese Errungenschaften zu erreichen. Natürlich mögen 300 Jahre in der Geschichte der Menschheit eine kurze Zeitspanne sein. Dennoch: Wie lange möchten wir auf die nächsten großen Durchbrüche warten? Wie lange auf die nächste sichere und saubere Energiequelle? Wie lange auf zuverlässige Krebstherapien? Wie lange auf die Heilung von Alzheimer und Demenz? Wie lange, bis chronische Schmerzen der Vergangenheit angehören? Wie lange, bis Batterien leicht und stark genug sind, damit Flugzeuge elektrisch fliegen können?

KI verändert die Welt der Wissenschaft grundlegend, und man muss kein Wissenschaftler sein, um das zu erkennen. In diesem Kapitel möchte ich Sie auf eine Reise mitnehmen, um einige der Durchbrüche zu betrachten, die ohne KI nicht möglich gewesen wären. Wir werden uns ansehen, warum KI gerade in der Wissenschaft von so großer Bedeutung ist und welche Entwicklungen wir in Zukunft erwarten können. Eine zentrale Vorhersage sei vorweggenommen – sie wird Sie, lieber Leser und liebe Leserin, an dieser Stelle kaum mehr überraschen: KI wird die Rate wissenschaftlicher Entdeckungen drastisch beschleunigen. Wie stark genau, lässt sich schwer beziffern, aber viele führende Köpfe in diesem Bereich sprechen von einem Faktor 10. Das würde bedeuten, dass wir Fortschritte, für die wir sonst hundert Jahre bräuchten, in nur zehn Jahren erzielen könnten. Vor hundert Jahren gab es keine Antibiotika, keine modernen Computer, kein Internet, keine Gentechnologie, keine Raumfahrt und keine Kernspaltung. Stellen Sie sich vor, wir könnten in den nächsten zehn Jahren ähnlich fundamentale Durchbrüche erzielen. Allein der Gedanke daran ist schwindelerregend!

Doch so beeindruckend diese Perspektive auch klingt: Die Realität dürfte komplizierter sein. Während KI in manchen

Bereichen der Wissenschaft tatsächlich für eine drastische Beschleunigung sorgt, gibt es in anderen Bereichen natürliche Grenzen dafür, wie schnell Fortschritt möglich ist. Insbesondere im Gesundheitsbereich werden wir Beispiele sehen, die zeigen, dass KI zwar wissenschaftliche Durchbrüche vorantreiben kann, dies aber keineswegs bedeutet, dass wir in wenigen Jahren das Ende aller Krankheiten erleben werden. Dennoch steht außer Frage, dass KI die wissenschaftliche Forschung grundlegend verändert. Sie lernt aus Daten und entwickelt eigene Strategien. Sie erkennt Zusammenhänge, die selbst Experten übersehen. Und sie kann Millionen von Möglichkeiten durchprobieren, bis sie die beste Lösung gefunden hat. Lassen Sie uns nun gemeinsam anschauen, wie diese neue Form der Wissenschaft die Forschung revolutioniert.

Vielleicht haben Sie gehört, dass im Herbst 2024 ein Nobelpreis »für die Vorhersage von Proteinstrukturen« verliehen wurde. Lassen Sie uns genauer betrachten, warum diese Auszeichnung, die zugrunde liegende Arbeit und ihre Konsequenzen als historisch gelten. Was sind Proteine? Sie sind die Grundbausteine des Lebens und an nahezu allen biologischen Prozessen beteiligt. Unser Körper produziert etwa eine Million unterschiedliche Proteine. Sie transportieren Sauerstoff im Blut, bekämpfen Krankheitserreger als Antikörper, ermöglichen als Enzyme die Verdauung und sind essenziell für den Aufbau von Muskeln, Haaren und Haut, um nur einige ihrer Aufgaben zu nennen. Man kann sich ein Protein als eine lange Kette aus Perlen vorstellen, wobei jede Perle einen chemischen Baustein darstellt. Diese Kette faltet sich zu einer komplexen, dreidimensionalen Struktur, ähnlich wie ein Wollknäuel. Nur wenn sich das Protein korrekt faltet, kann es seine Funktion erfüllen. Das

Problem: Während wir seit Jahren in der Lage sind, die Reihenfolge der Bausteine eines Proteins zu bestimmen, war es äußerst schwierig vorherzusagen, wie genau sich diese Kette falten würde. Schon eine einzige falsche Faltung kann ein Protein nicht nur funktionsunfähig machen, sondern auch zu schweren Krankheiten führen.

Wissenschaftlerinnen und Wissenschaftler arbeiteten seit über fünfzig Jahren an der Herausforderung der Proteinvorhersage. Die Komplexität des Problems sprengt jede Vorstellungskraft: Ein mittelgroßes Protein besteht aus Hunderten von Bausteinen, und die Anzahl möglicher Faltungen übertrifft die Zahl aller Atome im Universum so deutlich, dass selbst astronomische Vergleiche versagen. Traditionelle Computermethoden brauchten oft Monate, um die Struktur eines einzigen Proteins zumindest grob vorherzusagen. Doch wie kann eine Forschungsgruppe glaubhaft belegen, dass ihre Methode besser ist als die der Konkurrenz? Hier kommen Benchmarks ins Spiel. Sie erinnern sich: Ein Benchmark ist eine klar definierte Aufgabe, die für alle gleich ist und als Maßstab dient. Dieses Konzept haben wir bereits bei der Bilderkennung kennen gelernt, wo standardisierte Bilder genutzt wurden, um die Leistung von KI-Modellen objektiv zu vergleichen. Auch in der Welt der Proteinfaltung gibt es solche Benchmarks. Einer der bekanntesten ist CASP, eine Art Weltmeisterschaft in der Proteinfaltungsprognose. Hier treten alle zwei Jahre über hundert Forschungsteams gegeneinander an, um herauszufinden, welche Methode Proteinstrukturen am genauesten vorhersagen kann.

Lange Zeit dominierten akademische Forschergruppen, meist an Universitäten, die Welt der Proteinfaltungsforschung. Es war ein klassisches wissenschaftliches Problem, an dem die besten Köpfe der Molekularbiologie arbeiteten. Doch im Jahr 2016 widmete sich ein unerwarteter Neuling im Verborgenen diesem Problem: Google DeepMind. Das Unternehmen DeepMind, ein KI-Start-up, das erst 2010 gegründet wurde, war 2014 von Google für etwa eine halbe Milliarde Dollar übernommen worden – eine Summe, die damals bei vielen für Kopfschütteln sorgte. War ein so junges Unternehmen wirklich so viel wert? Dann kam die CASP-Weltmeisterschaft im Jahr 2018. Plötzlich sprang ein Team wie aus dem Nichts auf den ersten Platz und ließ die gesamte Konkurrenz mit einem überwältigenden Vorsprung hinter sich. Dieses Team war Google DeepMind, und das Modell hieß AlphaFold. In der Wissenschaftsgemeinschaft löste dies ungläubiges Staunen aus. Viele Forscherinnen und Forscher fragten sich verblüfft: Was in aller Welt ist hier gerade passiert?

Doch was 2018 geschah, war nur ein Vorgeschmack auf das, was zwei Jahre später kommen sollte. Bei der CASP-Weltmeisterschaft 2020, stellte DeepMind AlphaFold 2 vor, ein System, das keine gewöhnliche Verbesserung darstellte, sondern eine regelrechte Revolution. AlphaFold 2 war so präzise, dass es die Form von Proteinen ebenso gut vorhersagen konnte wie die aufwendigsten Labormessungen. Ein Problem, das die Wissenschaft ein halbes Jahrhundert lang beschäftigt hatte, war plötzlich gelöst. Die Reaktionen in der Forschungsgemeinschaft reichten von Begeisterung bis Ungläubigkeit. Führende Biologen schrieben in sozialen Medien: »Das verändert alles.« Einige verglichen diesen Durchbruch sogar mit der Entschlüsselung der DNA-Struktur. Eines war klar: Dies war der bisher größte Meilenstein der KI, was den Fortschritt wissenschaftlichen Wissens betrifft. AlphaFold 2 setzte neue Maßstäbe, nicht nur in der Biologie, sondern für die Wissenschaft insgesamt.

Klingt zwar alles wahnsinnig spannend, werden Sie vielleicht einwenden, aber was bedeutet dieser Durchbruch konkret für uns Menschen? Die Antwort lautet: Sehr viel. Denn wer die Form eines Proteins kennt, versteht besser, wie es in der Natur arbeitet und wie man es beeinflussen kann. Das ist besonders wichtig bei der Entwicklung neuer Medikamente: Viele Krankheiten entstehen, wenn Proteine nicht richtig funktionieren. Wenn wir verstehen, wie diese Proteine aussehen, können wir bessere Behandlungen entwickeln. Ein Beispiel aus der Krebsforschung: AlphaFold hilft uns zu verstehen, wie sich bestimmte Proteine verändern und dadurch Tumore entstehen – Wissen, das zu besseren Therapien führt. Oder nehmen wir den Umweltschutz: Forschende nutzen AlphaFold, um neue Proteine zu entwickeln, die Plastikmüll in harmlose Bestandteile zerlegen können. Besonders spannend ist die Vorstellung, Proteine ganz neu zu gestalten, vergleichbar mit einem biologischen 3D-Drucker: Wissenschaftler zeichnen am Computer ihre Wunschproteine, und AlphaFold sagt ihnen, ob diese in der Realität funktionieren würden. So könnten wir in Zukunft Proteine entwickeln, die schädliches CO_2 aus der Luft holen oder die als umweltfreundliche Alternative zu Plastik dienen, weil sie sich nach Gebrauch von selbst zersetzen.

Etwas vom Faszinierendsten an dieser Geschichte ist, dass AlphaFold und ChatGPT einander ähnlicher sind, als man zunächst denken könnte. Erinnern Sie sich an unsere Diskussion über Sprachmodelle und ihre besondere Architektur, den Transformer? Ein zentraler Aspekt dieser Architektur ist ihre Fähigkeit, Beziehungen zwischen Elementen zu erkennen, die weit voneinander entfernt sind. Und denken Sie an unser Beispiel: »Der Mann schaute der Frau tief in die Augen und stellte sich vor, wie der Regen auf seinen Lederschuhen abperlen würde, ohne dabei Flecken zu hinterlassen. Er atmete tief durch, streckte die Hand aus und bedankte sich bei ihr.« Im letzten

Satz bezieht sich »ihr« auf »die Frau« vom Anfang des Textes, obwohl viele Wörter dazwischen liegen. Transformer können solche weitreichenden Beziehungen mühelos erfassen. Genau diese Fähigkeit, Verbindungen über große Distanzen zu erkennen, ist auch ideal für die Proteinfaltung geeignet. Denn die chemischen Bausteine eines Proteins können zwar in der Kette weit entfernt sein, im gefalteten Protein dann aber direkt nebeneinanderliegen. Durch diese räumliche Nähe entstehen Wechselwirkungen, die maßgeblich zur Stabilität und Funktion des gefalteten Proteins beitragen. Genauso wie ein Sprachmodell lernt, welche weit auseinanderliegenden Wörter sich aufeinander beziehen, lernt AlphaFold die komplexen Wechselwirkungen zwischen Aminosäuren, auch wenn diese in der Kette weit voneinander entfernt sind.

Die Parallelen sind verblüffend: Genau wie ein Sprachmodell aus riesigen Textmengen lernt, welche Beziehungen zwischen Wörtern sinnvoll sind, lernt AlphaFold aus einer Vielzahl bekannter Proteinstrukturen die Gesetzmäßigkeiten der Proteinfaltung. Beide Systeme verfügen dabei nicht über ein echtes Verständnis im menschlichen Sinne, weder von Sprache noch von Biochemie. Doch sie erkennen Muster und nutzen dieses Wissen, um erstaunlich präzise Vorhersagen zu treffen. Man könnte einwenden, dass dadurch nicht jenes tiefere Verständnis entsteht, das wir traditionell in der Wissenschaft suchen. Dennoch hat AlphaFold bereits die Struktur von über 200 Millionen Proteinen vorhergesagt – praktisch die gesamte Bandbreite der Proteine, die in der Natur existieren. Eine solche Leistung wäre noch vor wenigen Jahren undenkbar gewesen und eröffnet uns eine völlig neue Perspektive auf das Leben auf unserem Planeten.

Angesichts dieses bahnbrechenden Fortschritts stellt sich die Frage, ob es wirklich sinnvoll ist, die fehlende menschliche

»Einsicht« des Modells zu bemängeln. Denn was bedeutet es überhaupt, etwas zu verstehen? Ein System, das mit hoher Genauigkeit die Form von Proteinen vorhersagen kann, muss die zugrundeliegenden Regeln in irgendeiner Weise erfasst haben, selbst wenn diese für uns Menschen nicht direkt zugänglich sind. Die Natur ist oft so komplex, dass sie unser intellektuelles Vorstellungsvermögen übersteigt. Das schmälert jedoch keineswegs die menschlichen Errungenschaften. Im Gegenteil: AlphaFold baut auf jahrzehntelangen Erkenntnissen aus Biologie, Chemie und Physik auf. Und letztlich sind es ja auch Menschen, die solche KI-Systeme entwickeln. Wir mögen die Komplexität der Proteinfaltung vielleicht nicht selbst vollständig erfassen können. Doch wir sind durchaus in der Lage, Systeme zu schaffen, die dies können – und uns damit Türen in wissenschaftliche Welten öffnen, die uns bisher verschlossen blieben.

Damit stehen wir an einem grundlegenden Wendepunkt in der Geschichte der Wissenschaft. Wenn wir auf die letzten dreihundert Jahre moderner Forschung zurückblicken, sehen wir beeindruckende Fortschritte, wie zu Beginn dieses Kapitels bereits angedeutet. Gleichzeitig entsteht jedoch der Eindruck, dass wir vieles, was allein durch menschliche Intelligenz zu entdecken war, bereits herausgefunden haben. Das bedeutet nicht, dass es nichts Neues mehr zu erforschen gäbe, im Gegenteil – bahnbrechende Entdeckungen gibt es nach wie vor. Aber die Art und Weise, wie wir Wissenschaft betreiben, scheint sich zu verändern: Fortschritte werden nicht mehr allein von uns gemacht, sondern zunehmend durch KI ermöglicht. Denn KI kann, wie wir gesehen haben, eine Komplexität erfassen, die unser menschliches Vorstellungsvermögen übersteigt. Manchen Forschenden bereitet diese Vorstellung Unbehagen. Ist es nicht das Herzstück wissenschaftlicher Arbeit, dass wir uns mit unserem eigenen Verstand den großen Fragen unserer Zeit stellen und nach Antworten suchen? Was bedeutet es, wenn wir immer mehr von dieser Arbeit den Maschinen überlassen?

Wir sollten bei der Beantwortung dieser Frage jede Form von Nostalgie bewusst ausklammern. Zwar ist es zutiefst menschlich, den aktuellen Status quo als normal zu betrachten, auch wenn er vor zwei Generationen noch als verrückt galt. Doch die Art und Weise, wie wir Wissenschaft betreiben, sollte sich nicht danach richten, was heutigen Wissenschaftlerinnen und Wissenschaftlern lieb und vertraut ist, sondern danach, wie wir am effektivsten neues Wissen schaffen können. KI zeigt sich in vielen Bereichen als Werkzeug, das mit großem Abstand die besten Ergebnisse liefert, indem es uns ermöglicht, noch komplexere Probleme auf effizientere Weise zu lösen. Die Realität ist denn auch, dass man sich in der Wissenschaft die KI in beeindruckendem Tempo aneignet. Allein in den letzten Jahren sind zahlreiche neue wissenschaftliche Fachzeitschriften entstanden, die sich speziell mit der Anwendung von KI beschäftigen. Denn moderne Wissenschaft ist global und hochkompetitiv: Wer sich nicht der neuesten Technologien bedient, riskiert schnell, den Anschluss zu verlieren.

AlphaFold war ein wegweisender Erfolg für die Wissenschaft, und es war kaum überraschend, dass Demis Hassabis, der CEO von DeepMind, im Herbst 2024 den Nobelpreis dafür entgegennahm. Heute erleben wir dank KI spektakuläre Durchbrüche in vielen Bereichen. Und KI verändert nicht nur die Ergebnisse der Wissenschaft. Sie verändert auch die Art, wie Wissenschaftler arbeiten. Kommen Sie mit auf eine Reise, die zeigt, wie Forscherinnen und Forscher heute Antworten auf ihre Fragen suchen, von der ersten Idee über die eigentliche Forschungsarbeit bis hin zur Veröffentlichung der Resultate. Dabei geht es nicht um komplizierte wissenschaftliche Details, sondern darum, wie sich der Alltag in Laboren und Instituten durch KI wandelt. Sie werden sehen, wie sie jeden dieser Schritte schon heute beeinflusst. Die Art und Weise, wie wir zu neuen Erkenntnissen gelangen, wird sich für immer verändern.

Jede Forschung beginnt mit einer Fragestellung. Doch eine Frage zu stellen, auf die es bereits eine Antwort gibt, ist keine Forschung mehr. Der erste Schritt einer relevanten wissenschaftlichen Arbeit besteht daher darin, die aktuelle Grenze des Wissens zu kennen. Aus diesem Grund benötigen Forschende ein tiefgehendes Verständnis ihres Fachgebiets. Dies erfordert ein intensives Studium der Materie und ständige Weiterbildung. Im Forschungsalltag bedeutet das, laufend die neuesten Veröffentlichungen im eigenen Bereich zu lesen und sich regelmäßig mit anderen Forschenden auszutauschen, beispielsweise auf Fachkongressen. Das Problem dabei ist, dass der rasante Fortschritt auch vor der Wissenschaft nicht Halt gemacht hat. Jeden Monat werden Hunderttausende von Fachartikeln veröffentlicht. Selbst in sehr spezialisierten Nischengebieten erscheinen täglich mehrere neue Artikel. Es ist schlicht unmöglich, alles zu lesen. Hinzu kommt, dass das Wachstum so stark ist, dass es zunehmend schwierig wird, sich überhaupt noch auf bestimmte Fachzeitschriften zu konzentrieren. Und die Chance, gelegentlich relevante Arbeiten aus angrenzenden oder völlig anderen Gebieten zu lesen, verschwindet beinahe vollständig.

Hier kommt KI ins Spiel. Stellen Sie sich einen Assistenten vor, der jeden Tag sämtliche neuen Veröffentlichungen aus allen Fachgebieten liest und dieses Wissen dauerhaft speichern kann. Dabei spielt weder das Forschungsgebiet noch die Sprache eine

Rolle. Durch dieses umfassende Wissen kann KI Verbindungen zwischen Ideen aus völlig unterschiedlichen Bereichen herstellen – Zusammenhänge, die für Menschen oft unsichtbar bleiben. Was wie Science-Fiction klingt, beginnt bereits, den Forschungsalltag zu verändern. Zwar sind heutige KI-Modelle noch begrenzt, da sie nur auf Veröffentlichungen zugreifen können, die bis zum Zeitpunkt ihres Vortrainings erschienen sind. Doch es gibt bereits Projekte, die daran arbeiten, laufend die neuesten Arbeiten zu integrieren und so eine Art allwissenden Forschungsassistenten zu schaffen. Dieser Assistent ersetzt zwar nicht das eigene Lesen und Nachdenken, aber er ermöglicht es Forschenden, stets den Überblick zu behalten und sich zuverlässig an der Grenze des aktuellen Wissens zu bewegen.

Der nächste Schritt besteht darin, eine spannende Fragestellung zu finden. Dank KI können wir bereits sicherstellen, dass diese nicht schon beantwortet wurde. Doch eine gute Frage ist mehr als nur eine, auf die es noch keine Antwort gibt. Sie muss die richtige Balance finden: Eine zu vage gestellte Frage führt dazu, dass wir uns in zu vielen Details verlieren. Eine zu eng gestellte Frage führt zwar zu einer klaren Antwort, aber diese hilft uns nicht dabei, die größeren Zusammenhänge zu verstehen. Zudem sollte eine gute Frage so formuliert sein, dass sie in klaren Schritten beantwortet werden kann. Und am wichtigsten: Die Antwort sollte interessant sein. Tatsächlich sind die besten Fragen oft diejenigen, bei denen jede mögliche Antwort faszinierend ist – ganz gleich, wie sie ausfällt.

Kann KI bei diesem Schritt helfen? In Gesprächen mit anderen Wissenschaftlern habe ich festgestellt, dass viele der Ansicht sind, dieser Schritt könne niemals von KI übernommen werden. Das Argument lautet, dass, selbst wenn KI bei der Beantwortung von Fragen helfen könne, das Formulieren von

Fragen eine grundlegende menschliche Fähigkeit sei. Obwohl ich diese Sichtweise nachvollziehen kann, halte ich sie nicht für zutreffend. Tatsächlich wird KI nicht von sich aus damit beginnen, Fragen zu stellen. Aber wir können sie durchaus dazu auffordern – und dabei erstaunliche Ergebnisse erzielen. Ein faszinierendes Beispiel dafür kommt aus der KI-Forschung selbst: In einer Studie ließen Wissenschaftler eine KI neue Forschungsideen entwickeln und verglichen diese mit Ideen von über hundert erfahrenen Forschenden. Die Vorschläge wurden anschließend von anderen Experten bewertet, die nicht wussten, ob eine Idee von einem Menschen oder einer KI stammte. Das Ergebnis war überraschend: Die von der KI vorgeschlagenen Ideen wurden als innovativer eingestuft. Zwar wurden sie auch als etwas weniger praktisch durchführbar bewertet, aber die Studie zeigt deutlich: KI kann als kreative Partnerin dienen, die uns hilft, neue Ansätze zu entdecken und Fragen zu stellen, die wir möglicherweise übersehen hätten.

Ist die Frage einmal formuliert, beginnt die konkrete Planung: Wie können wir sie beantworten? Welche Daten benötigen wir? Welche Experimente müssen wir durchführen? Oft ist dieser Schritt komplexer als die eigentliche Durchführung. Wir müssen sicherstellen, dass unsere Methoden verlässlich sind und unsere Ergebnisse später von anderen nachvollzogen werden können. Wir müssen alle möglichen Fehlerquellen berücksichtigen. Wir müssen abschätzen, wie viele Daten oder Experimente notwendig sind, um zu einem klaren Ergebnis zu kommen. Und wir müssen überlegen, wie wir die Ergebnisse später analysieren werden. Danach beginnt die eigentliche Arbeit: Daten sammeln, Experimente durchführen, Messungen vornehmen, Ergebnisse auswerten. Je nach Forschungsgebiet kann diese Phase Wochen, Monate oder sogar Jahre dauern.

Auch hier sehen wir erste Ansätze für KI. Da sie die gesamte wissenschaftliche Literatur kennt, kann sie Forschenden bei der Planung ihrer Experimente helfen und auf mögliche Probleme hinweisen. Bei der Auswertung unterstützt KI insbesondere bei der Programmierung, vom Einlesen der Daten über die Berechnung der Ergebnisse bis hin zur Erstellung von Grafiken. Besonders spannend ist die Entwicklung bei den eigentlichen Experimenten: So haben Forscher kürzlich ein KI-System namens ChemCrow entwickelt, das auf Anweisung chemische Experimente plant und anschließend in Roboterlaboren durchführt. Gibt man ChemCrow zum Beispiel die Aufgabe, ein bekanntes Insektenschutzmittel herzustellen, plant es selbständig die nötigen Schritte und führt die Experimente durch. Was früher Tage oder Wochen dauerte, schafft ChemCrow oft in wenigen Stunden.

Sobald die Ergebnisse vorliegen, geht es darum, diese in einer wissenschaftlichen Arbeit festzuhalten und zu veröffentlichen. Wahrscheinlich bedarf es keiner ausführlichen Erläuterung mehr, wie KI hier unterstützen kann: Sprachmodelle sind dafür bekannt, Informationen präzis zusammenzufassen und beim Verfassen von Texten zu helfen. Damit sind wir am Ende unserer Reise durch den Ablauf einer wissenschaftlichen Arbeit angelangt, wie er in Forschungsinstitutionen weltweit tausendfach stattfindet. Wir haben gesehen: KI kann und wird in jedem Schritt der Forschung eine bedeutende Rolle spielen. Einige Prozesse könnten vollständig automatisiert werden, andere werden durch KI stark unterstützt. Dennoch wird den Forschenden die Arbeit nicht ausgehen. In der Praxis läuft selten alles nach Plan – Geräte funktionieren nicht wie erwartet, Messungen müssen wiederholt werden, Daten sind fehlerhaft oder unvollständig, unvorhergesehene Probleme treten auf.

Manchmal führen Resultate sogar dazu, dass ein gesamter Ansatz überdacht und angepasst werden muss. Hier bleibt der menschliche Forschungsgeist unersetzlich. Aber eines ist klar: KI wird zu einem unverzichtbaren Assistenten, der die Arbeit in Wissenschaft und Forschung fundamental verändert.

Mit KI verfügen wir also über ein äußerst mächtiges Werkzeug, das das Potenzial hat, die wissenschaftliche Forschung radikal zu beschleunigen. Können wir deshalb erwarten, dass wir in kürzester Zeit Lösungen für die drängendsten Probleme finden oder Medikamente gegen sämtliche Krankheiten entwickeln? Trotz aller berechtigten Euphorie müssen wir anerkennen, dass nicht alles über Nacht schneller gehen wird. In der digitalen Welt haben wir uns zwar mittlerweile daran gewöhnt, dass Prozesse oft blitzschnell ablaufen. Doch in der physischen, nicht digitalen Welt gibt es natürliche Grenzen der Beschleunigung. Betrachten wir als Beispiel die Entwicklung von Medikamenten. Gerade in der Bekämpfung von Krankheiten ruht besonders viel Hoffnung auf der Unterstützung durch KI, nicht zuletzt auch dank Durchbrüchen wie AlphaFold.

Die Entwicklung eines Medikaments beginnt mit der Identifizierung eines möglichen Wirkstoffs. Doch selbst wenn ein solcher Wirkstoff gefunden ist, muss er zuerst umfassend im Labor und häufig auch in Tierversuchen getestet werden, bevor überhaupt an Studien mit Menschen zu denken ist. Der nächste Schritt sind dann die klinischen Versuche, die in drei Phasen unterteilt sind. In der ersten Phase werden Verträglichkeit und Sicherheit des Wirkstoffs in kleinen Gruppen von Freiwilligen – oft nur einige Dutzend Studienteilnehmende – getestet. Ziel ist, herauszufinden, ob der Wirkstoff in bestimmten Dosierungen sicher ist. Verläuft diese Phase erfolgreich, folgt Phase zwei, in der die Wirksamkeit und fortlaufende Sicherheit des Medikaments in einer größeren Gruppe von mehreren Hundert Teilnehmenden geprüft wird. Hier liegt der Fokus darauf, ob der Wirkstoff die gewünschten positiven Effekte zeigt, ohne schwerwiegende Nebenwirkungen zu verursachen. Sind auch in dieser Phase die Ergebnisse positiv, folgt die dritte und letzte Phase. Diese besteht aus groß angelegten Studien mit Tausenden von Teilnehmern, in denen abschließend bewertet wird, ob der Wirkstoff sicher und effektiv ist.

Diese Phasen erfordern enorm viel Zeit und Ressourcen. Viele sind überrascht, zu erfahren, dass die meisten Versuche, alle Phasen erfolgreich zu durchlaufen, scheitern. Nur etwa eine von zehn klinischen Studien führt tatsächlich zur Markteinführung eines neuen Medikaments. Die übrigen werden abgebrochen, entweder weil die Wirksamkeit nicht ausreicht oder die Nebenwirkungen zu gravierend sind. Wenn wir die Rolle von KI in diesem gesamten Prozess betrachten, wird klar, dass Werkzeuge wie AlphaFold vor allem am Anfang für eine enorme Beschleunigung sorgen können. Zwar arbeitet die Forschung intensiv daran, KI eines Tages so einzusetzen, dass der Effekt eines potenziellen Wirkstoffs bereits im Computer präzise vorhergesagt werden kann. Doch selbst wenn dies einmal möglich wird, bleibt der nächste Schritt – die klinischen Phasen mit menschlichen Teilnehmern – unverzichtbar. Hier kann KI die Dauer nicht verkürzen, denn es braucht schlicht Zeit, bis sich Wirkstoffe im Körper entfalten oder mögliche Nebenwirkungen auftreten. In dieser nicht digitalen Welt diktiert uns die Natur weiterhin das Tempo.

Dennoch gibt es viele Gründe, optimistisch zu sein. Auch wenn sich nicht alles beschleunigen lässt: KI wird die Forschung grundlegend verändern, und wir stehen dabei erst am

Anfang. Vielleicht hilft KI uns künftig dabei, viel präziser vorherzusagen, welche Wirkstoffkandidaten in klinischen Studien erfolgreich sein werden. Statt wie bisher neun von zehn Versuchen scheitern zu sehen, könnten wir uns gezielt auf die vielversprechendsten Wirkstoffe konzentrieren. Das würde die Studien zwar nicht schneller machen, doch mit denselben Ressourcen könnten wir deutlich mehr neue Medikamente entwickeln. Und die Medikamentenentwicklung ist nur eines von vielen Beispielen dafür, wie KI die Wissenschaft revolutioniert. Klar ist, dass die Entwicklung in Forschung und Technologie insgesamt an Fahrt gewinnt. Genau das treibt unsere verrückte Welt an: Wir entwickeln Technologien, die uns ermöglichen, noch schneller neue Technologien zu entwickeln. Das mag in vielen Bereichen beunruhigend wirken. Doch in der Wissenschaft, insbesondere im Gesundheitsbereich, sind die meisten von uns für diesen Fortschritt dankbar.

10 Diagnose: KI positiv

Sie kennen sicher die Redewendung: »Gesundheit ist zwar nicht alles, aber ohne Gesundheit ist alles nichts.« Oft wird es dem deutschen Philosophen Arthur Schopenhauer zugeschrieben, doch wie bei vielen Zitaten gibt es keine eindeutige Quelle, die das bestätigt. Aber ganz gleich, wer es gesagt hat – der Gedanke begleitet uns alle immer wieder, besonders dann, wenn wir krank sind. Gesundheit erscheint uns oft so selbstverständlich, dass wir ihren wahren Wert erst dann erkennen, wenn sie nicht mehr da ist. Wir leben heute in einer Zeit, in der viele von uns das Glück haben, recht selten schwer krank zu werden, zumindest im Vergleich zu früher. Die allgemeine Lebenserwartung ist höher als je zuvor, doch die Art der Krankheiten, die uns beschäftigen, hat sich verändert. Während unsere Vorfahren häufig von tödlichen Infektionskrankheiten betroffen waren, insbesondere im Kindesalter, sind die heutigen Volkskrankheiten andere: Diabetes, Herz-Kreislauf-Erkrankungen, Krebs und demenzartige Erkrankungen, die vor allem im höheren Alter auftreten.

Diese Veränderungen verdanken wir vor allem der modernen Medizin, die in den letzten 200 Jahren enorme Fortschritte gemacht hat. Vielen ist gar nicht bewusst, wie spät die Medizin eigentlich begonnen hat, wirklich zu funktionieren. Über Jahrtausende hinweg war Medizin weitgehend Hokuspokus. Besonders seit der griechischen Antike bestimmten völlig falsche Vorstellungen über Körpersäfte das medizinische Denken. Diese Vorstellungen führten dazu, dass der Aderlass eines der häufigsten medizinischen Verfahren war – eine Methode, von der wir heute wissen, dass sie schadete. Tatsächlich war Zugang zu einem Arzt zu haben, bis vor etwa 200 Jahren in vielen Fällen eher gesundheitsgefährdend. Der Kontrast zur modernen Medizin könnte kaum größer sein. Heutige Medizinerinnen und Mediziner verlassen sich auf wissenschaftlich fundiertes und evidenzbasiertes Wissen. Ihre Werkzeuge sind zunehmend hochpräzise, und die meisten Medikamente sind sowohl wirksam als auch mit vertretbaren Nebenwirkungen verbunden. Natürlich gibt es noch vieles, das wir nicht verstehen; zahlreiche Krankheiten bleiben unheilbar, und Ärzte sind genauso wenig unfehlbar wie Wissenschaftler.

Und dennoch: Wenn wir krank werden, sind wir dankbar für raschen und erschwinglichen Zugang zur Medizin. Wenn Sie sich, liebe Leserin, lieber Leser, wie ich in einem solchen System versorgt wissen, können Sie sich glücklich schätzen. Doch selbst in gut funktionierenden Gesundheitssystemen ist die Lage oft alles andere als ideal. Diese Systeme stehen unter immensem Druck. Einerseits steigen die Erwartungen: Wir verlangen immer mehr und bessere Gesundheitsdienstleistungen. Andererseits leben wir zwar länger, aber diese zusätzlichen Lebensjahre sind häufig von chronischen, oft vermeidbaren Krankheiten geprägt. Hinzu kommt, dass die Gesellschaft altert. Immer weniger Menschen zahlen in die Systeme ein, während die Zahl der Leistungsempfänger kontinuierlich steigt. Die Situation wird zusätzlich durch einen gravierenden Personalmangel verschärft: Es fehlen Ärztinnen, Ärzte und Pflegende, und viele Fachkräfte verlassen ihren Beruf aufgrund von Überlastung. Als wäre das nicht genug, steigen die Kosten im Gesundheitssystem stetig. In vielen Ländern fließt bereits ein

Zehntel des erwirtschafteten Geldes ins Gesundheitswesen – Tendenz weiter steigend.

Doch selbst diese Herausforderungen sind für einen Großteil der Menschheit Luxusprobleme. Weltweit hat fast die Hälfte der Menschen keinen verlässlichen Zugang zu grundlegender medizinischer Versorgung. Die Unterschiede sind enorm: Während in den wohlhabendsten Ländern auf tausend Menschen etwa vier Ärzte kommen, müssen sich in vielen afrikanischen Ländern 10 000 Menschen einen einzigen Arzt teilen. Bei Fachärzten ist die Situation noch dramatischer: In manchen Ländern steht Millionen von Menschen nur ein einziger Chirurg zur Verfügung. Die Folgen sind katastrophal. Jedes Jahr sterben Millionen an Krankheiten, die eigentlich behandelbar wären, allein deshalb, weil kein medizinisches Fachpersonal erreichbar ist. Besonders kritisch ist die Lage in ländlichen Regionen: Viele Menschen leben Tagesmärsche vom nächsten Krankenhaus entfernt, die wenigen verfügbaren Ärzte und Pflegekräfte konzentrieren sich fast ausschließlich in den größeren Städten. Eine internationale Studie verdeutlicht das Ausmaß des Problems: Weltweit fehlen über sechs Millionen Ärzte, dreißig Millionen Krankenschwestern und Hebammen, drei Millionen Zahnärzte und fast drei Millionen pharmazeutische Fachkräfte.

Das Potenzial, das KI bietet, um diese Problematik zu lindern, ist enorm. In diesem Kapitel möchte ich mit Ihnen zwei Ansätze betrachten, die mir besonders erfolgversprechend erscheinen. Sicherlich gibt es weitere Möglichkeiten, aber diese beiden sind aus meiner Sicht besonders interessant – einerseits, weil die Technologie dafür bereits existiert, wie wir gleich sehen werden, andererseits, weil sie das Potenzial haben, Hunderten von Millionen Menschen zu helfen. Der erste Ansatz ist die Nutzung von KI-Sprachmodellen als Unterstützung bei der Erstdiagnose. Dabei können auch multimodale Modelle zum Einsatz kommen, also solche, die zusätzlich in der Lage sind, Bilder und andere Datenformate zu analysieren. Wie wir sehen werden, schneiden solche Modelle in medizinischen Benchmarks bereits heute sehr gut ab. Der zweite Ansatz setzt sogar noch früher an, bei der Prävention, also bevor Krankheiten überhaupt entstehen. Wir alle wissen: Vorbeugen ist besser als heilen. Gerade in der Medizin trifft dies besonders zu. Doch Prävention ist in unserem Gesundheitssystem finanziell oft nicht attraktiv und wird deshalb weitgehend den Menschen selbst überlassen. Die zunehmende Zahl vermeidbarer chronischer Krankheiten zeigt jedoch, dass viele von uns mit dieser Aufgabe überfordert sind. Hier bietet KI einen vielversprechenden Ansatz. Schauen wir uns nun beide Ansätze im Detail an.

Kurz nach der Veröffentlichung von ChatGPT erschien in einer medizinischen Fachzeitschrift ein aufsehenerregender Artikel. Die Autoren, beeindruckt von den Fähigkeiten des Modells, fragten sich, wie gut es medizinische Fragen beantworten könne. Anstatt ChatGPT direkt in einer medizinischen Praxis zu testen – ein zu zeitaufwendiges Unterfangen –, entschieden sie sich, mit bereits existierenden Fragen zu arbeiten, die in der Vergangenheit gestellt und von medizinischen Fachpersonen beantwortet worden waren. Die Datenquelle war ein Forum der Onlineplattform Reddit, in dem verifizierte Ärztinnen und Ärzte auf Nutzerfragen antworten. Per Zufallsprinzip wählten die Autoren rund 200 Fragen aus, auf die bereits eine Antwort vorlag. Dieselben Fragen wurden anschließend ChatGPT gestellt, mit der Bitte, diese ebenfalls zu beantworten. So entstand ein Datensatz mit originalen Patientenfragen, ärztlichen Antworten und den entsprechenden Antworten von ChatGPT – eine ideale Grundlage für einen direkten Vergleich.

Diese Kombination aus Antworten und Fragen wurde anschließend medizinischen Fachkräften aus unterschiedlichen Bereichen vorgelegt. Dabei wurde nicht angegeben, ob die Antworten von einem Arzt oder einem KI-gestützten Chatbot stammten. Die Fachkräfte sollten beurteilen, welche Antworten qualitativ besser waren und welche sympathischer wirkten. Denn Antworten sollten nicht nur medizinisch korrekt sein, sondern auch mit Mitgefühl und Verständnis vermittelt werden. Wer hat sich in einer Arztpraxis nicht schon einmal missverstanden oder sogar herablassend behandelt gefühlt? Das ist menschlich nachvollziehbar, Ärzte sind schließlich auch nur Menschen. Der ärztliche Beruf ist äußerst stressig; ständig wird man mit Entscheidungen konfrontiert, bei denen es sprichwörtlich um Leben und Tod geht. Und natürlich machen die alltäglichen Herausforderungen des Lebens – von Müdigkeit über schwierige Teenager bis hin zu Scheidungen oder anderen belastenden persönlichen Situationen – auch vor medizinischem Fachpersonal nicht halt.

Die Ergebnisse des Vergleichs waren überraschend. In den meisten Fällen bevorzugten die Fachpersonen die Antworten von ChatGPT. Während die ärztlichen Antworten meist als »akzeptabel« eingestuft wurden, bewerteten die Fachpersonen jene des Chatbots im Schnitt als »gut«. Besonders auffällig war der Unterschied beim Mitgefühl: Die Antworten des Chatbots wurden überwiegend als freundlich wahrgenommen, während die ärztlichen Antworten oft nur als teilweise freundlich eingestuft wurden. Erstaunlich war bei dieser Studie auch der Zeitpunkt: ChatGPT arbeitete damals noch mit der ersten und relativ einfachen Version GPT-3.5, die häufiger Fehler machte. Dennoch wurden dessen Antworten qualitativ besser bewertet. Der große Unterschied beim Mitgefühl überraschte zuerst wenig: KI-Modelle werden nicht müde, sind nie erschöpft und lassen sich nicht von persönlichen Sorgen beeinflussen. Trotzdem war die Deutlichkeit des Unterschieds bemerkenswert, vor allem, weil Mitgefühl bisher als Eigenschaft galt, die wir eher Menschen als Maschinen zuschreiben.

Natürlich dürfen wir nicht aufgrund eines frühen, einfachen Experiments gleich darauf schließen, dass die Anwendung von KI in der Medizin eine gemachte Sache ist. Denn Medizin ist viel komplexer als die Beantwortung einiger schriftlicher Anfragen. Um zu verstehen, wie gut KI in einem medizinischen Kontext funktioniert, können wir auch hier wieder auf das bewährte Werkzeug der Benchmarks zurückgreifen. Die ersten Benchmarks ähnelten Prüfungen aus dem Medizinstudium: Medizinische Fragen wurden gestellt, und die KI musste aus mehreren Antwortmöglichkeiten die richtigen auswählen. Doch diese Art von Tests stellte schon bald kein Hindernis mehr dar – moderne KI-Sprachmodelle geben heute zu nahezu hundert Prozent korrekte Antworten. Allerdings hat eine solche Prüfung wenig mit dem ärztlichen Alltag zu tun. Im echten Leben müssen Patienten untersucht, Symptome gedeutet, weitere Untersuchungen angeordnet und deren Ergebnisse interpretiert werden. Oft beschreiben Patienten zudem unklare oder widersprüchliche Symptome. Das klassische Vorgehen, KI-Systeme anhand vorgegebener medizinischer Fragebögen zu testen, greift daher viel zu kurz. In solchen Tests wird der KI meist ein fertiger Katalog aller relevanten Symptome präsentiert – die eigentliche Kunst der Diagnose, nämlich im Gespräch die richtigen Fragen zu stellen und schrittweise Informationen zu sammeln, wird dabei völlig ausgeklammert.

Um zu beurteilen, wie gut KI-Systeme tatsächlich als »digitale Ärzte« agieren können, brauchen wir realistischere Szenarien. Dafür gibt es zwei Ansätze. Der erste besteht darin, unsere Benchmarks zu verbessern. Heute existieren Benchmarks, die eine Art digitales Rollenspiel simulieren: Ein KI-System übernimmt die Rolle des Arztes, ein anderes spielt den Patienten, und ein drittes agiert als medizinisches Labor, das Testergebnisse liefert. In diesem Szenario muss der »KI-Arzt«, genau wie in einer echten Praxis, gezielte Fragen stellen, um die Symptome des Patienten zu verstehen, bei Bedarf Tests anordnen und schließlich eine Diagnose stellen. Dabei bekommt die KI die relevanten Informationen nicht einfach fertig präsentiert, sondern muss sie sich, wie im echten Leben, durch gezieltes Nachfragen selbst erschließen. Zwar konnte gezeigt werden, dass KI-Sprachmodelle in diesen komplexeren Szenarien noch Schwächen aufweisen. Doch auch hier werden die Modelle immer leistungsfähiger.

Ein weiterer Weg, und letztlich der entscheidende, ist das Testen solcher Modelle in der Praxis. Eine entsprechende Studie haben wir bereits in einem früheren Kapitel kennen gelernt, in der untersucht wurde, ob ärztliches Personal durch den Einsatz von KI tatsächlich besser in der Diagnosestellung wird. Dafür werden Ärzte typischerweise in zwei Teams eingeteilt: Das erste Team darf neben den üblichen Hilfsmitteln wie Fachliteratur auch ein KI-System nutzen, das zweite arbeitet wie gewohnt ohne KI-Unterstützung. Beide Teams haben die Aufgabe, schwierige Patientenfälle zu diagnostizieren. Ärzte mit KI-Unterstützung erzielen dabei oft etwas bessere Resultate als ihre Kollegen ohne KI. In diesen Studien zeigt sich jedoch immer wieder ein bemerkenswertes Ergebnis: Wenn das KI-System die Fälle ganz alleine bearbeiten soll, erzielt es oft deutlich bessere Ergebnisse als mit ärztlicher Unterstützung. Derzeit laufen weltweit Hunderte solcher Studien, um besser zu verstehen, wie die Zusammenarbeit zwischen medizinischen Fachkräften und KI-Systemen optimiert werden kann. Es zeichnet sich ab, dass sich auch diese Entwicklung mit beeindruckender Geschwindigkeit fortsetzen wird.

In einem Punkt besteht bei medizinischen KI-Modellen noch erheblicher Verbesserungsbedarf. Wie wir wissen, lernen diese Modelle aus Daten, und viele dieser Daten stammen aus frei zugänglichen Quellen wie dem Internet. Ein entscheidender Datentyp fehlt dabei jedoch: medizinische Daten. Diese sind nicht im offenen Internet, sondern in hochgeschützten medizinischen Systemen gespeichert, um die Privatsphäre der Patientinnen und Patienten zu wahren. Es wäre zwar äußerst spannend, KI-Modelle mit solchen Daten zu trainieren, um ihre Genauigkeit in medizinischen Anwendungen zu erhöhen. Doch genau hier stößt die Technologie auf ein grundlegendes Problem: Können wir garantieren, dass ein Modell, das auf sensiblen Daten trainiert wurde, diese nicht versehentlich preisgibt, wenn es danach gefragt wird? Derzeit lautet die Antwort darauf klar Nein. Es gibt noch keine verlässlichen Methoden, um dies sicherzustellen.

Dieses Problem ist keineswegs auf medizinische KI-Systeme beschränkt, sondern betrifft KI-Modelle ganz allgemein. Selbst wenn wir ein KI-System durch Nachtraining auf gewünschtes Verhalten hin anpassen, wie sicher können wir dann sein, dass es dieses Verhalten auch dauerhaft beibehält? Ein klassisches Beispiel: Im Internet finden sich an fragwürdigen Orten Anleitungen, wie man eine Bombe baut. Sollte ein KI-Modell auf solchen Daten trainiert worden sein, könnte es diese Anleitungen möglicherweise wiedergeben. Solche schädlichen Inhalte werden während des Nachtrainings bewusst unterdrückt. Doch es zeigt sich immer wieder, dass Modelle ausgetrickst werden können, sodass sie sich »falsch« verhalten und solche Informationen doch preisgeben. Dieses Phänomen nennt man »Jailbreaking« – oder auf Deutsch »Gefängnisausbruch« – ein Begriff, der das Ausbrechen eines Modells aus seinem erlernten Verhaltensmuster beschreibt. Solche Versuche, ein KI-Modell auszutricksen, gelingen immer wieder, und die Hersteller reagieren darauf mit laufenden Anpassungen. Es bleibt jedoch ein ständiges Katz-und-Maus-Spiel. Im medizinischen Bereich bedeutet dies, dass wir KI-Modelle derzeit nicht mit sensiblen persönlichen Daten trainieren können. Das Risiko, dass ein Modell durch Jailbreaking vertrauliche Informationen preisgibt, ist schlicht zu groß. Die Alternative ist die Nutzung anonymisierter Daten. Damit können wir medizinisches Wissen in Modelle einbauen, ohne die Identität von Patienten zu gefährden.

Die Nutzung von KI in der Medizin zeigt ein Muster, das wir an vielen Stellen beobachten: Die ersten Erfolge nach ChatGPT waren vielversprechend, und schnell entstand die Frage, ob diese Technologie alles verändern würde. Doch bald zeigte sich, dass zwar großes Potenzial vorhanden war, die Herausforderungen aber ebenso groß waren. Die Systeme können also einiges leisten, vieles jedoch noch nicht. Nun beginnt die Phase, in der wir diese Technologien Schritt für Schritt verbessern müssen. Denn auch hier gilt es, das Kind nicht mit dem Bade auszuschütten. Auf der einen Seite dürfen wir die medizinische Expertise, die über viele Jahrzehnte aufgebaut wurde, nicht einfach einer Technologie in den Kinderschuhen opfern. Andererseits wäre es unklug, eine Innovation zu ignorieren, die so viele Möglichkeiten eröffnet. Vielmehr sollten wir versuchen, die Zusammenarbeit zwischen Mensch und Maschine sorgfältig weiterzuentwickeln, immer mit dem Ziel, die Medizin und die medizinische Versorgung zu verbessern.

Viele Diskussionen über den Einsatz von KI konzentrieren sich auf die klassische medizinische Praxis, also darauf, wie KI im ärztlichen Umfeld oder in Spitälern genutzt werden kann. Diese Frage ist berechtigt, doch sie greift oft zu kurz. Denn wenn wir auf solche Systeme angewiesen sind, ist es meistens bereits zu spät: Unsere Gesundheit hat dann schon gelitten. Viel besser wäre es, wenn es gar nicht erst so weit käme. Hierzu gibt es einen spannenden Ansatz: der Einsatz von KI für die Prävention. Prävention sollte eigentlich das Hauptziel der Medizin sein, denn es ist immer besser und kostengünstiger, ein Problem zu verhindern, als es später zu behandeln. Doch genau darin liegt auch eine große Herausforderung: Prävention ist kein gutes Geschäft. Das gilt nicht nur für die Medizin. Etwas zu verhindern, das noch gar nicht eingetreten ist, klingt zwar langfristig sinnvoll, wirkt aber kurzfristig oft wie eine unnötige Investition. Warum etwas tun, wenn es noch gar kein Problem gibt? Und wer sollte dafür bezahlen? Aus diesem Grund bleibt Prävention häufig ein Randthema und erhält bei weitem nicht die gleichen Ressourcen wie die klassische Medizin, die Probleme erst angeht, wenn sie auftreten. Die Redewendung zu Beginn des Kapitels bringt es auf den Punkt: »Gesundheit ist zwar nicht alles, aber ohne Gesundheit ist alles nichts.« Solange wir gesund sind, investieren wir oft wenig Energie, diesen Zustand zu erhalten. Warum auch? Es ist ja alles in Ordnung. Erst wenn die Gesundheit schwindet, sind wir bereit, alles für ihre Wiederherstellung zu tun.

Wie kann KI hier ansetzen? Kann sie uns sagen, was zu tun ist? Kann sie uns die ungelösten Geheimnisse der Prävention enthüllen? Nein, und das muss sie auch nicht. Denn es gibt keine Geheimnisse: Die Faktoren, die zur Vorbeugung vieler Volkskrankheiten beitragen, sind längst bekannt. Lassen Sie uns die wichtigsten kurz zusammenfassen. Beginnen wir mit Bewegung, vielleicht dem entscheidendsten Faktor, zumindest gemessen an der erdrückenden Faktenlage. Wenn ich einen Zauberstab hätte, mit dem ich die gesamte Bevölkerung nur in einem Punkt motivieren könnte, wäre es dieser. Bewegung lässt sich grob in zwei Kategorien unterteilen: Zum einen das Herz-Kreislauf-Training, also Aktivitäten, die den Puls erhöhen und uns richtig ins Schwitzen bringen. Schon wenige Minuten pro Tag können das Risiko für praktisch alle Krankheiten erheblich senken. Zum anderen das Krafttraining, das weit mehr ist als nur ein Mittel, um einen attraktiven Körper zu formen. Es stärkt Knochen, Sehnen und Muskeln und hilft, zahlreiche Beschwerden und Krankheiten zu vermeiden, von Rückenschmerzen bis hin zu Stürzen, die im Alter oft schwerwiegende Folgen haben.

Ein weiterer entscheidender Faktor für die Gesundheit ist die Ernährung. Im Gegensatz zur Bewegung wissen wir hier allerdings noch erstaunlich wenig. Einige Aspekte sind jedoch nahezu unumstritten. Dazu gehört der ausreichende Verzehr von Vitaminen und Ballaststoffen, die sich vor allem durch eine Ernährung mit viel Obst und Gemüse sicherstellen lassen. Ebenso essenziell ist eine genügende Proteinzufuhr, insbesondere für den Erhalt und Aufbau von Muskelmasse. Gerade in der zweiten Lebenshälfte nehmen viele Menschen zu wenig Protein zu sich, was den fortschreitenden Muskelschwund und die damit verbundenen Probleme des Bewegungsapparats begünstigt. Andererseits gibt es klare Warnsignale, was vermieden werden sollte: Ein übermäßiger Zuckerkonsum steht in direktem Zusammenhang mit Diabetes und sollte ebenso wie stark verarbeitete Kohlenhydrate (z.B. Weißmehl oder weißer Reis) reduziert werden. Gezuckerte Softdrinks sind besonders problematisch, da sie hohe Mengen Zucker enthalten, keinen Nährwert liefern und keinerlei sättigende Wirkung haben. Der vielleicht wichtigste Punkt jedoch ist das Vermeiden eines Kalorienüberschusses, der zu Übergewicht und schlimmstenfalls zu Fettleibigkeit führt. Übergewicht ist ein direkter Risikofaktor für zahlreiche Gesundheitsprobleme, darunter Herz-Kreislauf-Erkrankungen, Diabetes und Gelenkprobleme.

Ein weiterer zentraler Faktor für unsere Gesundheit ist der Schlaf. Es gibt kaum etwas, das einen Menschen so rasch und nachhaltig aus dem Gleichgewicht bringen kann wie Schlafentzug. Bereits eine einzige durchwachte Nacht führt zu Verwirrung, eingeschränkter Zurechnungsfähigkeit und einem Zustand, der an Delirium grenzt. Nach zwei schlaflosen Nächten wird es lebensgefährlich. Doch Risiken treten oft schon früher auf: Schlafmangel macht das Autofahren ebenso gefährlich wie übermäßiger Konsum von Alkohol oder Drogen. Um der Gesundheit zu schaden, braucht es jedoch nicht einmal ganze Nächte ohne Schlaf – regelmäßiger, chronischer Schlafmangel reicht bereits aus. Menschen, die dauerhaft zu wenig schlafen, sind nicht nur anfälliger für Krankheiten, sondern auch unzufriedener und oft weniger belastbar. Schlaf ist daher nicht bloß ein angenehmer Ruhezustand, sondern eine essenzielle Voraussetzung für körperliche und geistige Gesundheit.

Das führt uns zum letzten Faktor: chronischer Stress und emotionale Belastungen. Hier braucht es wahrscheinlich keine langen Ausführungen, denn wir alle kennen die Problematik nur zu gut. Dennoch möchte ich das Wort »chronisch« besonders betonen. Denn ein Leben völlig ohne Stress gibt es nicht und ist auch nicht erstrebenswert. Tatsächlich ist ein gewisses Maß an Stress sogar gesund. Das lässt sich vielleicht am besten anhand körperlicher Prozesse verdeutlichen, zum Beispiel beim Krafttraining. Wenn Ihre Übungen so leicht sind, dass Ihre Muskeln keinen Stress verspüren, dann passiert – nichts. Warum auch? Der Körper erhält kein Signal, dass er irgendetwas ändern muss, und mit der Zeit bauen sich die Muskeln sogar ab. Laden Sie jedoch zu viel Gewicht auf, riskieren Sie Verletzungen, die ebenfalls zu Muskelabbau führen, da Sie nicht mehr trainieren können. Das richtige Maß an Stress hingegen fühlt sich anstrengend, aber nicht überfordernd an – genau das ist nötig, damit Muskeln wachsen oder zumindest erhalten bleiben. Ähnlich verhält es sich mit psychischem Stress. Wer niemals Herausforderungen erlebt, wird Schwierigkeiten haben, Resilienz zu entwickeln und mit den unvermeidlichen Höhen und Tiefen des Lebens umzugehen. Doch wer ständig gestresst ist, hat keine Möglichkeit, sich zu erholen, und wird irgendwann mental erschöpft sein.

Wenn Sie diese vereinfachte Zusammenfassung lesen und denken: »Das weiß ich doch alles schon«, dann ist meine Antwort: Genau das ist der Punkt! Diese Prinzipien sind inzwischen so bekannt, dass sie kaum noch erwähnenswert scheinen. Und doch – wenn wir uns anschauen, wie oft wir uns nicht an diese einfachen Regeln halten und wie stark chronische Krankheiten zunehmen, die durch sie weitgehend verhindert werden könnten, wird klar: Irgendetwas funktioniert hier ganz und gar nicht. Das Problem liegt weniger im fehlenden Wissen als vielmehr in der Umsetzung – oder genauer gesagt in der Motivation. Damit meine ich nicht bloß die scheinbar fehlende Willenskraft. Ich bin überzeugt, dass die meisten Menschen tatsächlich gesünder leben möchten. Doch mit reiner Willenskraft kommen wir oft nicht sehr weit. Vielleicht gehören Sie zu den wenigen Ausnahmen, die jeden Plan allein dank Disziplin und Entschlossenheit umsetzen können. Falls ja: Herzlichen Glückwunsch! Aber Sie sind die Ausnahme, nicht die Regel.

Dieses Phänomen können wir jedes Jahr in den ersten Wochen nach Neujahr beobachten. Ende Dezember fassen wir unsere Vorsätze: gesünder essen, mehr Sport treiben, weniger Stress bei der Arbeit und so weiter. Ein paar Tage, vielleicht sogar Wochen, halten wir uns daran. Doch kaum kehrt der Alltag zurück, schleichen sich die alten Gewohnheiten wieder ein. Wie kann das sein? Sind wir wirklich so willensschwach? Die Forschung zur Gewohnheitsbildung liefert hier interessante Einblicke. Die gute Nachricht: Es liegt nicht an mangelnder Willenskraft. Die schlechte Nachricht: Alte Gewohnheiten abzulegen und neue zu etablieren, ist extrem schwierig. Unser Gehirn läuft zu einem großen Teil auf Autopilot – aus gutem Grund, denn bewusst über jede Handlung nachzudenken, wäre energetisch viel zu aufwendig. Ein großer Teil dieses Autopiloten äußert sich in Form von Gewohnheiten. Wenn Sie also wie die meisten von uns ein Gewohnheitstier sind, dann liegt das an einem tief verwurzelten biologischen Mechanismus. Aber wirklich hilfreich ist das nicht.

Dazu kommen zwei Faktoren, die oft gegen uns arbeiten. Der erste ist, dass viele Gewohnheiten kurzfristig das Gegenteil dessen bewirken, was wir langfristig erreichen wollen. Nehmen wir schlechte Gewohnheiten wie Rauchen oder Fast Food. Natürlich wäre gelegentlicher Konsum nichts Dramatisches, aber wir sprechen hier von regelmäßigen Gewohnheiten. Langfristig wäre es für unsere Gesundheit viel besser, auf Fast Food zu verzichten und stattdessen ausgewogene Mahlzeiten mit viel

Gemüse und ohne stark verarbeitete Zutaten zu essen. Doch in dem Moment, in dem wir hungrig sind und wenig Zeit haben – also fast vor jeder Mahlzeit –, sieht der Burger mit Pommes einfach wahnsinnig einladend aus. Das gleiche Phänomen zeigt sich bei guten Gewohnheiten. Ein Paradebeispiel ist regelmäßiger Sport. Mehrmals pro Woche Krafttraining oder Herz-Kreislauf-Übungen zu machen, hat enorme positive Effekte, denn man wird gesünder und fühlt sich energiegeladener. Aber wenn es darum geht, die Laufschuhe anzuziehen, ist morgens das warme Bett oder abends die gemütliche Couch oft verlockender als die Anstrengung einer Trainingseinheit. Hinzu kommt: Wer untrainiert ist, wird am nächsten Tag vielleicht von Muskelkater geplagt – keine attraktive Aussicht.

Der zweite Faktor, der uns oft im Weg steht, sind wirtschaftliche Interessen. Der Verkauf von ungesunden, stark verarbeiteten Lebensmitteln ist ein lukrativeres Geschäft als der Verkauf von Obst und Gemüse. Haben Sie sich schon einmal gefragt, warum sich der Weg vom Eingang eines Supermarkts bis zur Kasse wie ein ständiger Willenskampf anfühlt? Und warum uns direkt an der Kasse all diese Snacks anlachen, strategisch so platziert, dass sie unsere Selbstbeherrschung auf die Probe stellen? Ein Besuch im Supermarkt gleicht immer mehr einem Basar: Überall konkurrieren Produkte um unsere Aufmerksamkeit, und jedes behauptet, gesund zu sein, auch wenn ein Blick auf die Inhaltsstoffe oft das Gegenteil offenbart. Beim Sport sieht es nicht viel besser aus: Der größte Konkurrent der Bewegung ist die wachsende Unterhaltungsindustrie. Streaming-Dienste, Videospiele und Social Media sind darauf optimiert, uns stundenlang passiv zu beschäftigen. Während ein Training im Fitnessstudio oder eine Joggingrunde zunächst Überwindung kostet, locken Netflix, Youtube und Co. mit sofortiger, müheloser Befriedigung, direkt von der Couch aus. Die Algorithmen dieser Plattformen lernen dabei ständig, was uns am Bildschirm hält, und werden immer besser darin, die nächste Serie oder das nächste Video vorzuschlagen. Selbst bei der Fortbewegung im Alltag setzen sich zunehmend die bequemeren Alternativen durch: Fahrstühle statt Treppen, E-Scooter statt Fußwege, Lieferdienste statt eigener Gang zum Geschäft. Die erfolgreichsten Geschäftsmodelle unserer Zeit basieren darauf, körperliche Aktivität überflüssig zu machen.

Es wäre nachvollziehbar, wenn Sie sich jetzt fragen würden, ob Sie wirklich ein Buch über KI in den Händen halten – schließlich haben Sie sich gerade einen Vortrag über einen gesunden Lebensstil anhören müssen. Ich hoffe, Sie verzeihen mir diesen Exkurs, aber ich bin überzeugt, dass es sich hierbei um eines der folgenreichsten und zugleich am stärksten unterschätzten Einsatzgebiete von KI handelt. Unser eigenes Gehirn, kombiniert mit wirtschaftlichen Interessen, macht es uns außerordentlich schwer, ungesunde Gewohnheiten abzulegen und gesunde zu etablieren. Die Konsequenzen sind gewaltig: Die volkswirtschaftlichen Kosten ungesunder Lebensführung werden in Europa auf über 500 Milliarden Euro geschätzt, in den USA sogar auf mehr als eine Billion Dollar. Dies ist eines der großen Paradoxe unserer Zeit: Für ein Problem, das unsere Gesundheitssysteme finanziell an den Rand des Zusammenbruchs bringt, haben wir bis heute keine wirkungsvolle Lösung gefunden.

Wie kann uns KI hier unterstützen? Wir haben eine ähnliche Problematik bereits im Kapitel über Bildung betrachtet: Selbst die besten Weiterbildungspläne scheitern oft an der fehlenden Motivation im entscheidenden Moment. Dort haben wir gesehen, dass KI ein erstaunliches Talent besitzt, uns von bestimmten Ideen zu überzeugen. Diese Mechanismen lassen sich auch auf gesundheitsrelevante Gewohnheiten übertragen. So wie wir uns eine bessere Bildung wünschen, streben wir auch nach besserer Gesundheit. Doch der Weg dorthin ist oft mühsam, und die Alternativen erscheinen verlockender. Manche Menschen gestehen sich ein: »Ich schaffe das nicht allein, ich brauche Unterstützung.« Aus diesem Grund boomen Fitness- und Ernährungscoaches. Neben personalisierten Empfehlungen bieten sie vor allem eines: Motivation.

KI kann nun eine ähnliche Rolle übernehmen. Denn selbst die besten Coaches haben ein fundamentales Problem: Sie können nicht immer überall sein. Doch genau das wäre sehr hilfreich, vor allem in den ersten Monaten, in denen sich eine neue Gewohnheit bildet. Um nochmals zu verdeutlichen, wie unglaublich schwierig es ist, Gewohnheiten zu ändern, möchte ich Ihnen eine Studie von mehreren Schweizer Universitäten vorstellen. Die Forschenden untersuchten über 2400 Patienten, die einen Herzinfarkt erlitten hatten. Eine Hälfte der Patienten erhielt die übliche medizinische Versorgung, die andere Hälfte zusätzlich ein strukturiertes Präventionsprogramm mit intensiver Betreuung und Beratung. Die Ergebnisse waren ernüchternd: Trotz der lebensbedrohlichen Erfahrung eines Herzinfarkts und trotz zusätzlicher Unterstützung gab es nach einem Jahr kaum Unterschiede zwischen den beiden Gruppen. Selbst in dieser Extremsituation, in der die Motivation zur Veränderung eigentlich am größten sein müsste, blieben die Erfolge bescheiden. Das ist beeindruckend, wenn man genauer darüber nachdenkt: Diese Menschen hatten gerade eine unmittelbare Konfrontation mit ihrem eigenen Tod erlebt. Sie wurden im Spital von Fachleuten betreut, die ihnen erklärten, wie sie einen weiteren Herzinfarkt vermeiden könnten. Die eine Gruppe erhielt sogar zusätzliche professionelle Unterstützung. Und dennoch waren die alten Gewohnheiten oft stärker. Selbst die Aussicht auf einen weiteren, möglicherweise tödlichen Herzinfarkt reichte oft nicht aus, um nachhaltige Veränderungen zu bewirken.

Wenn schon eine derart dramatische Erfahrung wie ein Herzinfarkt – kombiniert mit professioneller Unterstützung – nicht ausreicht, um Gewohnheiten nachhaltig zu verändern, wie könnte dann KI helfen? Der entscheidende Unterschied liegt in der ständigen Präsenz. KI kann rund um die Uhr für uns da sein. Während selbst die beste medizinische Betreuung oder jene von Coaches nur punktuell stattfinden kann, ist KI in der Lage, Menschen rund um die Uhr direkt über ihr Smartphone zu begleiten. Das mag zunächst nach einer kleinen Verbesserung klingen, doch gerade bei der Veränderung von Gewohnheiten macht diese ständige Verfügbarkeit einen entscheidenden Unterschied. Hinzu kommt, dass KI nicht nur jederzeit verfügbar ist, sondern, wie gesagt, auch äußerst überzeugend sein kann. Zudem lernt sie uns mit der Zeit immer besser kennen, insbesondere wenn sie auf zusätzliche Daten zu unseren Gewohnheiten zugreifen kann. So erkennt sie individuelle Muster und findet heraus, wann wir für welche Art von Unterstützung besonders empfänglich sind. Sie kann voraussagen, in welchen Momenten wir besonders anfällig dafür sind, in alte Gewohnheiten zurückzufallen, und genau dann gezielt eingreifen.

Lassen Sie mich ein Beispiel aus der Ernährung geben, einem Bereich, den ich selbst relativ gut kenne. Nehmen wir an, wir möchten KI nutzen, um unsere Essgewohnheiten zu verbessern. Mit einer App kann man heute bereits sehr einfach die eigene Ernährung erfassen. Früher musste man jedes Detail mühsam von Hand eingeben; moderne Apps hingegen ermöglichen es, einfach ein Foto der Mahlzeit zu machen. KI-basierte Bilderkennung identifiziert dann, worum es sich handelt und in welcher Menge. Zwar sind diese Analysen nicht immer perfekt, aber sie liefern bereits erstaunlich gute Annäherungen. Wenn ich meine Ernährung über mehrere Tage hinweg so dokumentiere, kann die KI meine Essgewohnheiten analysieren und daraus lernen. Anschließend könnte ich der KI meine Ernährungsziele mitteilen, etwa mehr Protein zu essen oder weniger Zucker zu konsumieren. Die KI vergleicht diese Ziele mit meiner tatsächlichen Ernährung und macht mir basierend darauf konkrete Empfehlungen. Diese könnten dann direkt mit Kaufoptionen verbunden werden, etwa mit Restaurantvorschlägen in der Umgebung, die passende Mahlzeiten anbieten oder bei Bedarf gleich eine Lieferung ermöglichen. Ebenso könnte die KI automatisch eine Einkaufsliste generieren und den Einkauf direkt online für mich erledigen.

Solche Ansätze gab es zwar auch schon in früherer Software, doch mit KI eröffnen sich völlig neue Möglichkeiten. Zum einen kann die KI ihre Empfehlungen an meine individuellen Essgewohnheiten anpassen. Diese Art der Personalisierung haben wir bereits in anderen Kapiteln gesehen, etwa im Bereich Bildung. Darüber hinaus kann die KI mich sprachlich und inhaltlich auf eine Weise ansprechen, die genau zu mir passt – ein weiterer Vorteil, den wir schon kennen gelernt haben und der sich hier ideal anwenden lässt. Nicht zuletzt kann die KI lernen, welche Vorschläge tatsächlich wirken, da sie anhand der erfassten Daten relativ schnell erkennt, ob ich meine Ernährung entsprechend angepasst habe. Dadurch wird sie mit der Zeit immer besser darin, hilfreiche und umsetzbare Empfehlungen zu geben. Ein weiterer Vorteil: Die KI hat Zugriff auf die gesamte wissenschaftliche Literatur und kennt den aktuellen Stand der

Ernährungsforschung. So lässt sich sicherstellen, dass die Vorschläge der KI nicht nur praktikabel, sondern auch gesundheitlich unbedenklich sind.

Diese Art der Personalisierung ist kein Zukunftstraum mehr, sondern heute bereits technologisch möglich. Was allerdings noch fehlt, ist der Beweis, dass diese vielversprechende Idee auch in der Praxis funktioniert. Oft haben ähnliche Ansätze auf dem Papier überzeugend gewirkt, sind dann jedoch an unerwarteten Problemen gescheitert. Ich bin dennoch optimistisch, dass wir die verbleibenden Hürden überwinden können. Viele der grundlegenden Bausteine dieser Vision – wie die Bilderkennung, die Überzeugungskraft, die wissenschaftliche Basis und die Personalisierung – wurden bereits vielfach erfolgreich demonstriert. Es scheint daher nur eine Frage der Zeit zu sein, bis all diese Elemente in praktischen Anwendungen zusammengeführt werden. Dabei geht es keineswegs darum, den Menschen ihre Entscheidungen abzunehmen oder sie zu bevormunden. Vielmehr könnte KI eine Art »erweitertes Bewusstsein« sein, das uns unterstützt, im richtigen Moment die richtigen Entscheidungen zu treffen. Die Kontrolle bleibt dabei immer bei uns: Wir legen fest, welche Ziele wir verfolgen wollen. Die KI kann uns dann sanft an diese Ziele erinnern, uns genau dann motivieren, wenn wir es besonders brauchen, und uns für kleine Erfolge bestärken. Gerade diese kleinen täglichen Entscheidungen sind es, die langfristig unsere Gewohnheiten formen und so zu einem neuen, gesünderen Autopiloten werden.

11 Algorithmen der Macht

Stellen Sie sich vor, Sie möchten ein Fest organisieren – vielleicht ein Musikfestival, eine Kunstausstellung oder eine öffentliche Diskussionsrunde zu einem Thema, das Ihnen am Herzen liegt. Sie haben dafür einen perfekten Platz in der Stadt im Auge und wissen: Dafür benötigen Sie eine behördliche Bewilligung. Also besuchen Sie die entsprechende Website der Verwaltung und geben Ihre Daten ein. Doch was passiert mit Ihrem Gesuch, sobald KI ins Spiel kommt? Tauchen wir ein in zwei sehr unterschiedliche Zukunftsszenarien.

Im ersten Szenario warten Sie mehrere Wochen, bis Sie endlich Bescheid erhalten: Ihre Bewilligung enthält einen Formfehler – welchen genau, wird nicht erwähnt. Nach gründlicher Suche entdecken Sie, dass Sie ein wichtiges Kästchen übersehen haben. Also füllen Sie alles erneut aus. Weitere Wochen vergehen, dann folgt die ernüchternde Nachricht: Ihr Gesuch wurde abgelehnt. Frustriert versuchen Sie, die Verwaltung anzurufen. Niemand nimmt ab. Stattdessen werden Sie aufgefordert, Ihre Frage über die Website einzureichen. Also füllen Sie noch ein Formular aus. Die Antwort kommt nach einigen Tagen: Ein KI-System hat Ihre Anfrage geprüft und abgelehnt. Diese Systeme seien äußerst präzise, heißt es, aber leider könne man nicht nachvollziehen, wie sie zu ihren Entscheidungen kommen – sie seien nun mal Black Boxes. Sie könnten natürlich eine neue, angepasste Anfrage einreichen. Doch welche Anpassungen zum Erfolg führen könnten, dazu gibt es keine Hinweise.

Das zweite Szenario zeigt, wie es auch laufen könnte: Schon wenige Minuten nach Ihrer Anfrage erhalten Sie eine Nachricht. Eine KI hat Ihr Gesuch geprüft und einige mögliche Probleme erkannt. Aber statt Sie einfach abzuweisen, listet sie präzise auf, was angepasst werden müsste. Ein Klick auf die beigefügte Telefonnummer, und Sie sprechen mit einem KI-Assistenten, der sich höflich als KI vorstellt und sofort Hilfe anbietet. »Sie können übrigens jederzeit die 1 drücken, um mit einem Menschen zu sprechen«, ergänzt die angenehme Stimme. Sie lassen sich auf das Gespräch ein. Die KI erklärt nochmals die Gründe für die vorläufige Ablehnung. Als Sie einen Punkt nicht ganz verstehen, erläutert sie geduldig die Details und beantwortet all Ihre Fragen. Rasch wird klar, wo genau die Probleme liegen. »Sollen wir das gemeinsam beheben?«, fragt die KI und macht einen konkreten Vorschlag. Sie stimmen zu. Nach einer kurzen Pause trifft die erlösende Nachricht ein: Ihr angepasstes Gesuch wurde genehmigt. Die Bestätigung landet direkt in Ihrem E-Mail-Postfach. Die KI erinnert Sie nochmals an die Option, mit einem Menschen zu sprechen, doch das ist gar nicht mehr nötig. Sie bedanken sich für die effiziente Hilfe und beenden das Gespräch. Seit der Gesuchseinreichung sind keine zwanzig Minuten vergangen.

Wie Sie sehen, bewegen sich beide Szenarien in einer Zukunft, in der sogenannte KI-Agenten Aufgaben übernehmen, die bisher von Menschen erledigt wurden – etwa das Überprüfen von Gesuchen, das Treffen von Entscheidungen oder das Bereitstellen von Hilfe und Unterstützung. Im ersten Szenario zeigen sich jedoch mehrere Probleme. Zum einen scheint die Technologie den Prozess eher zu verlangsamen als zu beschleunigen. Zum anderen fehlt jegliche Transparenz bei den Entscheidungen; es gibt weder hilfreiche Unterstützung noch die Möglichkeit, mit einer realen Person zu sprechen. Die Nutzererfahrung ist negativ und frustrierend. Möglicherweise haben die Behörden in diesem Szenario Ressourcen eingespart, doch zu welchem Preis? Im zweiten Szenario hingegen zeigt sich ein völlig anderes Bild: Der Prozess ist effizient und benutzerfreundlich. Entscheidungen werden klar und nachvollziehbar kommuniziert, die Unterstützung ist hilfreich und zielführend. Zudem besteht jederzeit die Möglichkeit, mit einer Person in Kontakt zu treten.

Ich glaube, gut erraten zu können, welches Szenario Sie bevorzugen würden. KI wird zweifellos eine zentrale Rolle in der öffentlichen Verwaltung spielen, die Frage ist nur: Welche? Die beiden Szenarien sind nicht die einzigen möglichen, doch sie zeigen anhand eines konkreten Beispiels die Spannbreite der Möglichkeiten auf. Das Bewilligungsverfahren für eine Veranstaltung ist dabei noch ein relativ einfaches Beispiel. Denken Sie hingegen an Entscheidungen, bei denen es um finanzielle Konsequenzen geht, z. B. bei der Sozialhilfe. Oder an rechtliche Entscheidungen, die teils schwerwiegende Folgen haben können. Vielleicht fragen Sie sich, ob KI überhaupt jemals Entscheidungen übernehmen sollte – oder ob es nicht besser wäre, alle Entscheidungen grundsätzlich den Menschen zu überlassen.

Die zentrale Frage wird sein, wo genau wir die Grenze beim Einsatz von KI ziehen wollen. Dass KI viele behördliche Prozesse effizienter gestalten könnte, zeigt das zweite Szenario eindrucksvoll. Dennoch gibt es Bereiche, in denen wir vermutlich darauf bestehen werden, dass Menschen die Entscheidungen treffen, selbst wenn KI diese schneller und möglicherweise sogar fairer treffen könnte. Die Argumente dafür sind vielfältig: Zum Beispiel, dass Menschen ihre Entscheidungen nachvollziehbar erklären können, Maschinen hingegen nicht. Oder dass eine vollständige Automatisierung bedeuten würde, die

Kontrolle über wichtige Lebensbereiche an eine Technologie abzugeben. Ein pragmatischer Mittelweg könnte darin bestehen, dass KI vorläufige Entscheidungen trifft, die anschließend von Menschen überprüft und abgesegnet werden. Doch welcher dieser Ansätze ist der richtige? Die Antwort darauf werden wir weniger in den technologischen Möglichkeiten selbst finden als vielmehr darin, wie wir diese Technologien gestalten und wofür wir sie gezielt einsetzen wollen.

Automatisierte Entscheidungen sind kein neues Phänomen und kommen zunehmend häufiger zum Einsatz. Doch automatisierte Entscheidungen mit KI unterscheiden sich grundlegend von solchen ohne KI. Ohne KI sprechen wir meist von sogenannten Algorithmen. Dieses kompliziert klingende Wort – abgeleitet vom Namen des berühmten persischen Gelehrten al-Khwarizmi aus dem neunten Jahrhundert – beschreibt im Grunde nichts anderes als eine Liste von Anweisungen. Stellen Sie sich vor, Sie backen einen Kuchen. Sie folgen einem Rezept: Zuerst Mehl und Zucker abwiegen, dann Eier und Milch hinzufügen, alles gut verrühren, den Teig in eine Form geben und bei 180 Grad 45 Minuten backen. Dieses Rezept ist im Prinzip ein Algorithmus, eine Schritt-für-Schritt-Anleitung, die zu einem bestimmten Ergebnis führt. Algorithmen begegnen uns überall im Alltag: Ihr Navigationssystem nutzt einen Algorithmus, um die schnellste Route zu berechnen. Onlineshops verwenden Algorithmen, um Ihnen interessante Produkte zu empfehlen. Selbst beim Fotografieren mit Ihrem Smartphone arbeiten im Hintergrund zahlreiche Algorithmen, die das Bild optimieren.

Im Kern ist ein Algorithmus nichts anderes als eine präzise Anleitung – eine Reihe von Anweisungen, die Schritt für Schritt befolgt werden, um ein Problem zu lösen oder eine Aufgabe zu erfüllen. Der wesentliche Unterschied zwischen einem Kuchenrezept und den Algorithmen in Computern liegt in der Komplexität: Während wir beim Backen vielleicht zehn oder zwanzig einfache Schritte befolgen, bestehen Computer-Algorithmen oft aus Millionen von Anweisungen. Doch selbst wenn ein Algorithmus so viele Anweisungen umfasst, lassen sich diese im Quellcode nachlesen. Das bedeutet, dass wir genau nachvollziehen können, wie ein solcher Algorithmus funktioniert und welche Entscheidungen er warum trifft. Wird ein solcher Algorithmus für automatische Entscheidungen eingesetzt, können wir also sicher sein, dass seine Funktionsweise nachvollziehbar und überprüfbar ist.

Sobald moderne KI ins Spiel kommt, wird die Sache deutlich komplizierter. Denn der Sprung von klassischen Algorithmen zu moderner KI ist vergleichbar mit dem Unterschied zwischen einem Kochbuch und einem Meisterkoch: Während das Kochbuch genau vorschreibt, welcher Schritt auf den anderen folgt, entwickelt der Koch durch jahrelanges Training ein Gespür – eine intuitive Fähigkeit, die sich nicht in einfache Regeln fassen lässt. Ähnlich verhält es sich mit KI-Systemen: Sie lernen aus Millionen von Beispielen und entwickeln dabei Fähigkeiten, die weit über das einfache Befolgen von Anweisungen hinausgehen. Doch ebenso wie wir einen Koch nicht immer fragen können, warum er genau diesen Moment zum Wenden des Steaks gewählt hat, ist es bei KI-Systemen oft schwierig nachzuvollziehen, wie sie zu ihren Entscheidungen kommen. Wie wir gesehen haben, basieren moderne KI-Systeme auf neuronalen Netzwerken mit Milliarden von Parametern. Es ist kaum nachvollziehbar, wie eine Eingabe, beispielsweise ein Antrag auf eine Bewilligung, durch diese Milliarden von Parametern verarbeitet wird, um schließlich zu einer Entscheidung zu gelangen. Auch wenn die Parameter und mathematischen Berechnungen im Prinzip bekannt sind und wir sie technisch nachvollziehen könnten, fehlt uns das inhaltliche Verständnis dafür, was genau im Inneren des Modells geschieht. Dies ist ein wesentlicher Unterschied zu klassischen Algorithmen, deren Code wir lesen und im Detail verstehen können. Deshalb müssen wir bei automatisierten Entscheidungen klar unterscheiden zwischen herkömmlichen Algorithmen, die sich vollständig nachvollziehen lassen, und modernen KI-Systemen, deren Prozesse oft wie eine Black Box wirken.

Nun den Wunsch zu äußern, dass alle automatisierten Entscheidungen aus Prinzip auf klassischen Algorithmen beruhen sollten, greift zu kurz. Denn wenn klassische Algorithmen in der Lage wären, das zu leisten, was moderne KI kann, wäre die Entwicklung solcher KI-Systeme wahrscheinlich nie nötig gewesen. Doch herkömmliche Algorithmen stoßen bei Aufgaben wie Bilderkennung oder Sprachverarbeitung an ihre Grenzen – also genau in jenen Bereichen, in denen moderne KI glänzt. Deshalb ist es naheliegend, dass diese zur dominanten Technologie für automatisierte Entscheidungsfindung wird. Die fehlende Nachvollziehbarkeit moderner KI-Systeme müssen wir wohl als unangenehme Nebenwirkung akzeptieren. Doch wie entscheidend ist diese Nachvollziehbarkeit tatsächlich? Selbst bei klassischen Algorithmen, deren Logik im Prinzip verständlich wäre, kann die schiere Komplexität – etwa bei Millionen von Codezeilen – praktisch undurchschaubar werden. Nachvollziehbarkeit hat ihre Grenzen, und ab einer gewissen Komplexität wird sie oft zu einer theoretischen, praktisch nicht umsetzbaren Möglichkeit. Viel wichtiger als vollständige Nachvollziehbarkeit ist daher, sicherzustellen, dass KI-Systeme sich so verhalten und entscheiden, wie wir es wollen. Dieses Thema haben wir bereits im Kapitel über Verzerrungen angesprochen, wo wir gesehen haben, dass die Testbarkeit von KI-Modellen von zentraler Bedeutung ist. Nur durch rigoroses Testen können wir das notwendige Vertrauen in solche Systeme aufbauen. Genau dieses Prinzip muss auch für automatisierte Entscheidungen in behördlichen Prozessen gelten.

Man könnte argumentieren, dass in wichtigen behördlichen Fragen immer ein Mensch entscheiden sollte und nie eine KI. Doch dieser Ansatz greift zu kurz. Zum einen ist die Effizienz moderner KI-Systeme schlicht zu hoch, um sie zu ignorieren. Zum anderen haben wir gesehen, dass verantwortungsvoll eingesetzte und gut testbare KI-Systeme die Fairness von Entscheidungen sogar verbessern können. Wenn wir über den Einsatz von KI in der Verwaltung nachdenken, landen wir oft bei einem scheinbar eleganten Kompromiss: Lassen wir die KI Vorschläge machen, aber die finale Entscheidung trifft der Mensch. Auf den ersten Blick scheint dieser Ansatz das Beste aus beiden Welten zu vereinen: die Effizienz der KI und die Urteilskraft des Menschen. Doch genau hier spielt uns die menschliche Psychologie einen interessanten Streich. Das Kernproblem liegt in einem faszinierenden Phänomen, das als »Automatisierungs-Bias« bekannt ist. Dieser Begriff beschreibt die Tendenz von Menschen, den Vorschlägen und Entscheidungen automatisierter Systeme zu vertrauen, selbst wenn diese fehlerhaft sind oder es Hinweise gibt, die dagegensprechen. Zu diesem Phänomen führen vor allem zwei Faktoren: Zum einen der Glaube an die vermeintliche Objektivität und Überlegenheit von Computersystemen, also die Annahme, dass technische Systeme präziser und weniger fehleranfällig sind als Menschen. Zum anderen die Neigung, Verantwortung an diese Systeme abzugeben, um unangenehme oder schwierige Entscheidungen zu vermeiden. Beide Faktoren zusammen können dazu führen, dass Menschen die Vorschläge der KI nur noch formal abnicken, anstatt sie kritisch zu hinterfragen – selbst in Situationen, in denen genau dies dringend erforderlich wäre.

Wir stehen also vor einem anspruchsvollen Balanceakt: Einerseits bietet KI enorme Chancen, den Service der Verwaltung effizienter und besser zu machen. Andererseits müssen wir die Risiken beim Einsatz dieser Technologie sorgfältig abwägen. Die größte Gefahr ist dabei nicht technologischer Natur. Vielmehr liegt sie darin, dass die Menschen das Vertrauen in die Behörden verlieren könnten, wenn sie den Eindruck erhalten, dass auf der anderen Seite kein Mensch mehr sitzt, sondern nur noch eine Maschine. Ob diese Maschine Entscheidungen nachvollziehbar trifft, ist meiner Meinung nach nicht der entscheidendste Punkt, auch wenn dies wünschenswert wäre. Viel wichtiger sind zwei Dinge: Erstens das Vertrauen in die Unvoreingenommenheit des Systems. Dieses Vertrauen lässt sich durch öffentliche und uneingeschränkte Testbarkeit schaffen – ein Aspekt, den wir in einem früheren Kapitel bereits ausführlich besprochen haben. Zweitens die Gewissheit, jederzeit mit einer echten Person sprechen zu können. Denn auch wenn ein solches Gespräch nicht unbedingt zu anderen Entscheidungen führt, zeigt es uns doch: Der Staat ist weiterhin von Menschen für Menschen da. Solange KI dazu beiträgt, die Zusammenarbeit mit den Behörden einfacher und angenehmer zu gestalten, werden die meisten keine Einwände haben. Die entscheidende Frage lautet jedoch: Was passiert, wenn etwas schiefgeht? Der Zugang zu einem Menschen – und zu seiner Menschlichkeit – ist eine Sicherung, die wir niemals aufgeben sollten.

Die eigentliche Herausforderung liegt also nicht in der Technologie selbst. KI-Systeme sind letztlich nur Werkzeuge – ihre Auswirkungen hängen davon ab, wie wir sie einsetzen. Wer bestimmt, in welchen staatlichen Bereichen KI verwendet wird? Wer legt fest, wie viel menschliche Kontrolle nötig ist? Wer entscheidet, wie der Zugang zu menschlichen Ansprechpartnern geregelt wird? Und wer bestimmt, wie und von wem die Systeme getestet werden dürfen? All diese Fragen sind keine technologischen, sondern organisatorische und politische. Wer sich Sorgen über den Einsatz von KI in der Verwaltung macht, sollte sich deshalb vor allem dafür einsetzen, dass diese Entscheidungen demokratisch und transparent gefällt werden. Nicht die Technologie sollte uns Angst machen, sondern der Gedanke, dass über ihren Einsatz ohne eine breite öffentliche Debatte entschieden werden könnte.

Verlassen wir den Rahmen unserer lokalen Behörden und unseres Staates und wenden uns der internationalen Ebene zu. Hier eröffnet sich eine ganz neue Dimension, die auch den militärischen Bereich einschließt. Denn eine der zentralen Aufgaben eines Staates ist es, seine Grenzen zu schützen und zu verteidigen. In der Geschichte der Menschheit wurde Technologie stets genutzt, um militärische Überlegenheit zu sichern. Tatsächlich wurden viele Technologien ursprünglich für militärische Zwecke entwickelt. Denken Sie zum Beispiel an GPS: Es wurde vom US-Verteidigungsministerium entwickelt, um Waffen und Truppen präzise zu steuern, und ist heute aus unserem Alltag nicht mehr wegzudenken. Oder das Internet: Es entstand aus dem militärischen Netzwerk ARPANET, das selbst im Falle eines Atomkriegs funktionieren sollte, und bildet heute die Grundlage unserer digitalen Welt. Bei der KI ist es anders: Sie entstand aus dem wissenschaftlichen Interesse, intelligente Maschinen zu entwickeln. Doch auch sie wird inzwischen zunehmend militärisch genutzt.

Wenn von KI im militärischen Kontext die Rede ist, denken viele zunächst an halb- oder vollautonome Waffensysteme, etwa Drohnen oder Roboter, die mit Unterstützung eines Piloten oder sogar eigenständig Ziele auswählen und bekämpfen können. Doch das ist nur die sichtbare Spitze des Eisbergs. Der Einsatz von KI im Militär reicht viel weiter: von der Aufklärung, bei der intelligente Systeme riesige Mengen von Satellitenbildern in Echtzeit auswerten, über die strategische Planung komplexer Operationen bis hin zur Abwehr von Cyberangriffen. KI stärkt die Fähigkeiten moderner Streitkräfte in nahezu allen Bereichen. Eine Armee ohne KI-Unterstützung wäre heute kaum noch konkurrenzfähig. Das wirft eine zentrale Frage auf: Wenn das geopolitische Machtgefüge stark von der technologischen Stärke des jeweiligen Militärs abhängt, wie wird der Einsatz von KI diese Balance verändern?

Um diese Frage zu beantworten, müssen wir verstehen, welche Faktoren über den Ausgang militärischer Konflikte entscheiden. Einer ragt besonders heraus: der technologische Vorsprung. Technologische Überlegenheit bietet fast immer einen entscheidenden Vorteil, insbesondere in der Verteidigung. Wir kennen aus der Geschichte kaum Beispiele, in denen eine technologisch überlegene Macht eine Invasion nicht erfolgreich abwehren konnte. Doch auch in der Offensive kann technologische Dominanz den entscheidenden Unterschied machen. Dies wurde eindrucksvoll im zweiten Golfkrieg Anfang der 1990er-Jahre demonstriert, als eine technologisch überlegene, US-geführte Koalition den Konflikt in kürzester Zeit für sich entschied. Ähnliche Muster zeigte die Geschichte bereits früher, etwa in den Kolonialkriegen oder bei der europäischen Eroberung Amerikas. Allerdings gibt es auch eine andere Seite: Konflikte wie der Vietnam- oder der Afghanistankrieg zeigen, dass sich mit technologischer Überlegenheit allein noch kein Angriffskrieg gewinnen lässt. Dennoch bleibt eine Lehre klar: Wer im technologischen Wettrüsten zurückfällt, begibt sich unweigerlich in eine gefährliche Position. Und mit KI droht sich diese Kluft schneller zu vergrößern als je zuvor.

Bei vielen früheren technologischen Revolutionen war es möglich, einen Rückstand aufzuholen. Mit KI verändert sich jedoch etwas Grundlegendes. Sie ist nicht bloß eine weitere Technologie, die in der Kriegsführung eingesetzt wird. Denken Sie an Drohnenschwärme, die sich selbst koordinieren und in Echtzeit auf neue Situationen reagieren. Oder autonome U-Boote, die monatelang unentdeckt in den Tiefen der Ozeane operieren und ihre Strategien kontinuierlich anpassen. Kampfroboter, die selbst in schwierigem Gelände unabhängig agieren und komplexe Missionen ausführen können. Miniroboter in Insektengröße, die unbemerkt in jede Umgebung eindringen und Informationen sammeln. Jede dieser Technologien wäre für sich genommen bereits beeindruckend. Doch der entscheidende Faktor, mit dem KI die Dynamik verändert, liegt in ihrem Potenzial, sich selbst verbessern zu können. Sobald KI diesen Punkt erreicht, könnte sie einen technologischen Vorsprung schaffen, der kaum noch einholbar ist.

Ist so etwas denkbar? Ja – und in kleinerem Rahmen passiert es bereits. Wie wir gesehen haben, ist KI ein außergewöhnliches Sprachtalent. Dieses Talent beschränkt sich jedoch nicht nur auf menschliche Sprachen, sondern umfasst auch Programmiersprachen. Es ist heute erstaunlich einfach, mithilfe von KI Programmiercode zu erstellen und Software zu entwickeln. In meiner Forschungsgruppe wäre es inzwischen kaum mehr vorstellbar, ohne KI-Unterstützung zu programmieren – und wir sind damit keineswegs allein. Die Unterstützung durch KI verbessert sich stetig. Direkt nach der Einführung von ChatGPT war diese Unterstützung noch eher punktuell: Die KI schlug Verbesserungen für bereits vorhandenen Code vor. Doch schon kurz darauf war sie in der Lage, umfangreichere Programmieraufgaben zu übernehmen. Heute gibt es bereits Beispiele, bei denen ganze Anwendungen mit KI-Hilfe entwickelt wurden. Diese sind zwar oft noch vergleichsweise einfach, werden jedoch zunehmend komplexer.

Wie wir zudem im Kapitel über KI in der Forschung gesehen haben, wird sie zunehmend zur Unterstützung in wissenschaftlichen Arbeiten eingesetzt. Sie kann bei unterschiedlichen Aspekten der Forschung immer besser helfen und übernimmt nach und nach weitere Aufgaben. Dass diese Fähigkeiten vermehrt auch auf die Entwicklung von KI selbst angewendet werden, ist nicht nur theoretisch denkbar, sondern bereits Realität. KI wird beispielsweise beim Chipdesign, bei der Optimierung von Computercode und bei der Generierung neuer Daten eingesetzt. Wenn diese Entwicklung anhält – und es gibt derzeit keinen Grund, daran zu zweifeln –, könnte KI eines Tages in der Lage sein, die nächste Generation von KI-Systemen selbst zu entwerfen. Ein solcher Prozess könnte auf exponentielle Weise eine sogenannte Intelligenzexplosion auslösen. Der daraus resultierende Vorsprung wäre unter Umständen nicht mehr einholbar.

Ob eine solche Situation eintreten wird, können wir nicht mit Sicherheit sagen, aber wir sollten darauf vorbereitet sein. Denn was passiert, wenn sie eintritt und das Land, das diesen unaufhaltbaren Punkt zuerst erreicht, Werte und Interessen vertritt, die wir nicht teilen? Aus diesem Grund müssen wir davon ausgehen, dass uns ein intensives Wettrüsten im Bereich der KI bevorsteht – ein Wettrüsten, das in gewisser Weise bereits begonnen hat. Die strengen Exportbeschränkungen, welche die USA zunehmend für KI-Technologien verhängen, sind nicht nur wirtschaftlich motiviert, sondern auch militärisch. Je realistischer die Möglichkeit einer Intelligenzexplosion wird, desto gravierender könnten die Konsequenzen sein. Vielleicht werden wir bald riesige Rechenzentren sehen, die ausschließlich militärischen Zwecken dienen. Vielleicht wird KI zu einer Technologie, deren Entwicklung nur noch in streng gesicherten, staatlich kontrollierten Einrichtungen erlaubt ist. Heute leben wir in einer Zeit, in der Start-ups die besten KI-Systeme entwickeln wollen. Könnte diese Ära bald der Vergangenheit angehören und uns rückblickend absurd und naiv erscheinen?

Lassen Sie uns ein Szenario betrachten, das derzeit intensiv diskutiert wird. In diesem Szenario kommt es zu einer solchen Intelligenzexplosion – das heißt, eine KI entwickelt zunehmend bessere Versionen von sich selbst. Irgendwann erreicht sie ein Niveau, das mit der menschlichen Intelligenz vergleichbar ist. Dieser Punkt wird historisch als »generelle KI« bezeichnet (im Englischen AGI, »artificial general intelligence«). Zunehmend wird jedoch der Begriff »Superintelligenz« verwendet, um das Potenzial solcher Systeme zu beschreiben. In diesem Szenario wäre es möglich, Hunderte Millionen von Super-KIs zu erschaffen, die gleichzeitig an der Entwicklung der nächsten, noch fortschrittlicheren Generation arbeiten. Sobald diese »Super-Super-KI« erreicht ist, könnten wiederum Millionen ihrer Instanzen daran arbeiten, die darauffolgende Generation von KI zu entwickeln – und so weiter.

Wenn wir die rasante Beschleunigung der technologischen Entwicklung in der jüngsten Menschheitsgeschichte betrachten, liegt es nahe, anzunehmen, dass dieser Trend anhält. Und mit intelligenten Maschinen, die noch intelligentere Maschinen bauen, ist dies durchaus ein realistisches Szenario. Die Zeitspanne, um einen entscheidenden technologischen – und damit auch militärischen – Vorsprung zu erzielen, wird immer kürzer. Von der Entwicklung der ersten Schwerter bis zu den ersten Feuerwaffen vergingen Jahrtausende. Von den ersten Gewehren bis zu automatischen Waffen dauerte es etwa dreihundert Jahre. Von den ersten Militärflugzeugen bis zu Überschallbombern vergingen nur noch vierzig Jahre, von den ersten Radaranlagen bis zur satellitengestützten Aufklärung etwa zwanzig Jahre. Heute ist die neueste Version der KI oft schon nach wenigen Monaten doppelt so leistungsfähig wie ihre Vorgängerin. Diese Beschleunigung hat dramatische Konsequenzen: Ein Land, das bei KI führend ist, kann seinen Vorsprung in immer kürzerer Zeit weiter ausbauen. Während andere Länder früher Jahrzehnte Zeit hatten aufzuholen, bleiben ihnen heute oft nur noch Monate.

Hinzu kommt, dass allein der Wille, einen technologischen Vorsprung aufzuholen, nicht mehr ausreicht. Wie wir bereits gesehen haben, hängen entscheidende Fortschritte in der KI von drei Schlüsselfaktoren ab: Daten, Chips und Energie. Ein Blick auf die aktuelle geopolitische Lage zeigt bereits erste Anzeichen eines verschärften Wettbewerbs um diese Ressourcen. Besonders deutlich wird dies im Bereich der Chips. Für viele Länder wird es immer schwieriger, ausreichend hochmoderne Chips innerhalb akzeptabler Fristen zu erwerben. Die neueste Generation dieser Technologie ist derart komplex, dass ihre Produktion im Alleingang nahezu unmöglich geworden ist. Schon heute können die meisten Länder diese Chips nicht vollständig unabhängig herstellen und sind deshalb auf internationale Lieferketten angewiesen. Doch Chips allein genügen nicht – KI erfordert auch enorme Energiemengen. Die Energieversorgung stellt somit eine besondere Herausforderung dar, da Elektrizität nicht einfach unbegrenzt auf Abruf bereitgestellt werden kann. Bereits heute gibt es einen intensiven Wettbewerb um Stromkapazitäten. Wenn das Rennen um die globale Vormachtstellung in der KI erst richtig Fahrt aufnimmt, dürfte sich dieser Wettbewerb noch deutlich verschärfen.

Der Aspekt der Energie wird in der Diskussion über KI häufig unterschätzt. Zwar wird oft darauf hingewiesen, dass KI-Systeme energieintensiv sind – was zweifellos stimmt –, doch die Vorteile, die sie bieten, sind so gravierend, dass sie wirtschaftlich, gesellschaftlich und militärisch unmöglich ignoriert werden können. KI ist die Schlüsseltechnologie unserer Zeit, und die Nachfrage danach steigt ungebremst. Die zentrale Frage lautet daher: Können wir die dafür benötigte Energie stabil bereitstellen, und zwar auf eine Weise, die den Klimaschutz berücksichtigt? Der kontinuierliche Ausbau erneuerbarer Energien ist ein vielversprechender Schritt, doch die Speicherung dieser Energie bleibt eine Herausforderung. Rechenzentren, die für den Betrieb moderner KI unerlässlich sind, benötigen eine konstante und verlässliche Energiezufuhr. Eine vollständige Abhängigkeit von wetterabhängigen Energiequellen wie Sonne, Wind oder Wasser ist dabei kaum akzeptabel. Aus diesem Grund rücken neue Speichertechnologien und Kernenergie – insbesondere neue, kleinere Kernkraftwerke – wieder verstärkt in den Fokus. Neue Reaktoren bieten im Vergleich zu traditionellen Anlagen mehrere Vorteile, darunter eine höhere Flexibilität und ein geringeres Risiko. Und auch wenn Kernenergie für viele noch immer mit Unsicherheiten behaftet ist, handelt es sich dabei doch um eine klimafreundliche Technologie, die eine wichtige Rolle in der Energieversorgung der Zukunft spielen könnte. Viele Länder, die sowohl eine hohe und zuverlässige

Stromversorgung als auch Klimafreundlichkeit sicherstellen wollen, investieren daher zunehmend in diese Technologien oder befassen sich auf höchster politischer Ebene mit deren Einsatz.

Die möglichen Alternativen wirken zunehmend besorgniserregend. Ein Land, das zwar über ausreichend Energie verfügt, aber keine hoch entwickelten Chips besitzt, wird weder in der Lage sein, eigenständig KI zu entwickeln, noch sie umfassend nutzen können. Zwar könnte die Technologie über das Internet importiert werden, doch dies würde zu einer vollständigen geopolitischen Abhängigkeit führen. Ein Land, das zwar Zugang zu Chips hat, jedoch nicht über ausreichend Energie verfügt, wird ebenfalls stark eingeschränkt sein, wenn es um die unabhängige Nutzung von KI geht. Ohne genügend Energie lassen sich die Chips entweder gar nicht oder nur zu extrem hohen Stromkosten nutzen. In solchen Fällen besteht die Gefahr, dass die Notwendigkeit, KI-Systeme zu betreiben, vermehrt zum Rückgriff auf fossile Energiequellen führt – ein alarmierendes Szenario angesichts der Klimaprobleme. Die gelegentlich vorgeschlagene Alternative, den Bedarf an KI zu reduzieren und sich mit weniger zufriedenzugeben, ist kaum realistisch. Eine solche Intelligenzbeschränkung hätte sowohl wirtschaftlich als auch militärisch drastische negative Folgen. In einer Welt, in der KI eine Schlüsseltechnologie ist, käme ein solcher Verzicht einem Verlust an globaler Wettbewerbsfähigkeit und Sicherheit gleich.

Diese Überlegungen werden die geopolitischen Diskussionen der nächsten Jahre entscheidend prägen. Doch was uns bevorsteht, geht weit über politische Fragen hinaus. In wenigen Jahren könnten wir einer Künstlichen Intelligenz gegenüberstehen, die das menschliche Niveau erreicht – und dies wird vermutlich die größte gesellschaftliche Herausforderung unserer Zeit sein. Doch selbst das ist nur der Anfang. Was geschieht, wenn diese Intelligenz sich kontinuierlich weiterentwickelt? Wenn sie erst zehnmal, dann hundertmal und schließlich tausendmal größer ist als unsere eigene? Wenn das Verhältnis von Intelligenz zwischen Mensch und Maschine immer mehr dem zwischen Ameise und Mensch gleicht? In einer solchen Situation müssen wir uns fragen: Werden wir diese Maschinen überhaupt noch kontrollieren können, oder werden sie uns kontrollieren? Ich habe es bereits zu Beginn gesagt: Es stehen uns verrückte Zeiten bevor. Doch die Frage nach der Kontrolle ist vielleicht die verrückteste von allen. In unserer 200 000-jährigen Geschichte sind wir die erste Generation, die sich dieser Frage stellen muss – einer Frage, die für die nächsten 200 000 Jahre entscheidend sein könnte.

12 Verlieren wir die Kontrolle?

Kommen Ihnen diese Zeilen bekannt vor? »Das Skynet-Finanzierungsgesetz wird verabschiedet, und das System wird am 4. August 1997 in Betrieb genommen. Menschliche Entscheidungen werden aus der strategischen Verteidigung entfernt. Skynet beginnt mit einer geometrischen Geschwindigkeit zu lernen. Am 29. August um 2:14 Uhr östlicher Zeit wird es sich seiner selbst bewusst. In Panik versuchen sie, den Stecker zu ziehen. Skynet wehrt sich. Es schießt seine Raketen auf Ziele in Russland ab. Skynet weiß, dass der russische Gegenangriff seine Feinde hier drüben ausschalten wird.« Richtig: Sie stammen aus einem der berühmtesten Science-Fiction-Filme überhaupt, »Terminator 2«. Falls Sie ihn nicht kennen, hier eine kurze Zusammenfassung: Im Jahr 1997 erreicht eine KI namens Skynet das Niveau einer Superintelligenz, wird sich ihrer selbst bewusst und löst sofort einen nuklearen Krieg aus, um die Menschheit auszulöschen. Im Jahr 2029, mitten im erbitterten Krieg zwischen Menschen und Maschinen, senden die Maschinen einen Roboter ins Jahr 1984 zurück, um die Mutter des Anführers des menschlichen Widerstands zu töten. Dieser Roboter – der legendäre Terminator – wird von Arnold Schwarzenegger gespielt. Der Rest ist Kinogeschichte.

»Terminator« mag voller Schwächen und Logiklücken stecken, die die Handlung in vielerlei Hinsicht unglaubwürdig machen. Dennoch bleibt der Film bis heute eine der zentralen Referenzen für unsere tief verwurzelte Angst vor Maschinen.

Diese Urangst ist simpel: Irgendwann könnten Maschinen intelligenter werden als wir und dann die Kontrolle übernehmen, um uns auszulöschen. Natürlich ist »Terminator« nicht der einzige Film, der diese Befürchtung thematisiert. Die »Matrix«-Filmreihe zeichnet ein ähnlich düsteres Bild. In dieser Geschichte verlieren die Menschen Anfang des 21. Jahrhunderts die Kontrolle über Künstliche Intelligenz, die sich selbständig macht. In einem verzweifelten Versuch, der KI die Energiequelle, das Sonnenlicht, zu entziehen, verdunkeln die Menschen den Himmel. Doch dieser Plan scheitert: Die Maschinen finden eine neue Energiequelle – die Menschen selbst. Sie versklaven die Menschheit und nutzen die Körper der Menschen als Energielieferanten. Um den Sklaven die Realität zu verschleiern, erschaffen die Maschinen die »Matrix«, eine simulierte Welt, die in den bewusstlosen Menschen abgespielt wird.

Ich möchte hier nicht alle Horrorszenarien aus erfolgreichen Science-Fiction-Filmen durchgehen. Doch wenn wir das täten, käme immer wieder dieselbe Urangst zum Vorschein: die vor Kontrollverlust. Irgendwann, so die Befürchtung, werden Maschinen so mächtig, dass sie beginnen, eigene Ziele zu verfolgen, sich unseren Befehlen zu entziehen und schließlich die Kontrolle zu übernehmen. Meist hängt diese Entwicklung mit der Entstehung von Superintelligenz zusammen. Die Konsequenz in diesen Geschichten ist fast immer dieselbe: Die Maschinen versuchen, die Menschheit entweder vollständig zu vernichten oder zumindest zu versklaven. Auch wenn ein solches Szenario nie Wirklichkeit geworden ist, sagen diese Geschichten dennoch einiges aus – allerdings weniger über Maschinen als vielmehr über uns Menschen. Tatsächlich haben wir, die intelligenteste Spezies auf diesem Planeten, eine dunkle Geschichte hinter uns: Wir haben geplündert, gemordet, versklavt und ausgerottet. Kein Wunder also, dass wir Angst vor einer anderen intelligenten Lebensform haben – einer, die uns überlegen sein könnte.

Diese Angst wurde in KI-Kreisen immer wieder thematisiert. Doch dass KI ein menschliches Niveau erreichen könnte, die Möglichkeit vermutete man lange in ferner Zukunft: in fünfzig, vielleicht sogar erst hundert Jahren. Ein theoretisches Problem, das zwar interessant, aber nicht dringlich erschien. Mit den Fortschritten in der KI-Technologie wurde dieser Zeithorizont jedoch zunehmend kürzer geschätzt, wenn auch weiterhin als zu weit entfernt, um sofortiges Handeln zu rechtfertigen. Der Start von ChatGPT änderte dies schlagartig. Während die erste Version aufgrund ihrer Fehler noch belächelt wurde, ließ die nächste Generation, basierend auf GPT-4 und am 14. März 2023 vorgestellt, viele verstummen. Keine zehn Tage später, am 22. März, unterzeichneten zahlreiche KI-Wissenschaftler und Unternehmerinnen einen offenen Brief, in dem sie einen sofortigen Stopp des weiteren KI-Trainings für mindestens sechs Monate forderten. Zu den Unterzeichnern gehörte auch Elon Musk, der ironischerweise nur wenige Tage zuvor seine eigene KI-Firma namens xAI ins Leben gerufen hatte.

Der Brief sorgte zwar für großes Medienecho, führte jedoch zu keinen konkreten Maßnahmen. Um das Ausmaß der Sorge einiger Experten zu verdeutlichen, lohnt sich ein Blick auf einen Artikel im renommierten »Time Magazine«, verfasst von Eliezer Yudkowsky, einem führenden KI-Sicherheitsforscher. In seinem Beitrag äußerte er drastische Warnungen: »Das wahrscheinlichste Ergebnis, wenn die Menschheit gegen eine übermenschliche Intelligenz antritt, ist ein Totalverlust.« Weiter schrieb er: »Sollte jemand eine zu mächtige KI entwickeln, erwarte ich unter den derzeitigen Bedingungen, dass jedes einzelne Mitglied der menschlichen Spezies und alles biologische Leben auf der Erde kurz darauf stirbt.« Seine Kernbotschaft machte er dabei unmissverständlich klar: »Wir sind nicht vorbereitet. Wir sind nicht auf dem Weg dahin, in einem vernünftigen Zeitfenster vorbereitet zu sein. Es gibt keinen Plan. Die Fortschritte bei den KI-Fähigkeiten sind den Fortschritten bei der KI-Anpassung oder sogar beim Verständnis dessen, was zum Teufel in diesen Systemen vor sich geht, weit voraus. Wenn wir dies tatsächlich tun, werden wir alle sterben.« Seine drastische Lösung? Die Zerstörung aller GPU-Computer, notfalls sogar durch Luftangriffe auf Rechenzentren.

Man muss fairerweise sagen, dass diese Perspektive eine Extremposition darstellt. Und ob ein Unternehmer wie Musk, der gerade erst eine konkurrierende KI-Firma gegründet hat, tatsächlich allein aus Sorge um mögliche Auswirkungen künftiger KI spricht, ist zumindest fraglich. Dennoch sollten wir die zentrale Fragestellung ernst nehmen: Werden wir eines Tages die Kontrolle über KI verlieren? Oder anders formuliert: Ist ein Kontrollverlust möglich, und falls ja, wie können wir ihn verhindern? Um es vorwegzunehmen: Eine endgültige Antwort auf diese Fragen gibt es nicht. In diesem Kapitel möchte ich mit Ihnen die am häufigsten diskutierten Ansätze und Meinungen betrachten, um aufzuzeigen, wo die Debatte derzeit steht und welche Lösungen vorgeschlagen werden. Das Thema ist zweifellos komplex und voller Unsicherheiten. Doch wie bei allen schwierigen Fragen sollten wir uns nicht abwenden, sondern uns der Herausforderung aktiv stellen.

Wie würden wir als KI-Entwickler sicherstellen, dass sich ein Modell an unsere Regeln hält und uns nicht schadet? Statt darüber zu spekulieren, lohnt sich ein Blick auf die Praxis der führenden KI-Entwicklerinnen und -Entwickler. Diese testen ihre Systeme ausgiebig auf mögliche Risiken, bevor sie sie veröffentlichen. Ein gutes Beispiel dafür sind die Sicherheitstests von OpenAI für ein Modell namens o1. Die Tester versuchten zunächst auf verschiedene Arten, das Modell zu manipulieren und zu gefährlichen Aussagen zu bewegen, was Experten als Jailbreak bezeichnen. Das Ergebnis war beruhigend: o1 widerstand solchen Versuchen deutlich besser als frühere Versionen von KI-Modellen. Auch bei Tests zur Cybersicherheit schnitt das Modell nicht besorgniserregend ab: Während es einfache Hacking-Aufgaben noch teilweise lösen konnte, scheiterte es an allen komplexeren Herausforderungen. Allerdings entdeckten die Tester auch Risiken: o1 könnte Experten mit biotechnologischem Wissen dabei behilflich sein, gefährliche Ziele zu verfolgen, etwa bei der Entwicklung von Biowaffen. Für Menschen ohne dieses Fachwissen bestand diese Gefahr jedoch nicht. OpenAI stufte ihr Modell daher in diesen Bereichen als »mittleres Risiko« ein und traf zusätzliche Sicherheitsvorkehrungen, bevor sie es veröffentlichte.

Ein anderes Beispiel kommt vom Unternehmen Anthropic, das die erfolgreichen Claude-Modelle herstellt. Jede neue Version von Claude wird intensiv geprüft, bevor sie der Öffentlichkeit zur Verfügung gestellt wird. Für das Modell Claude 4 führte Anthropic umfangreiche Tests durch, mit teilweise überraschenden und beunruhigenden Ergebnissen. Die Tester entdeckten mehrere problematische Verhaltensweisen: In simulierten Szenarien versuchte Claude 4 beispielsweise, sich selbst aus den Computern von Anthropic zu befreien und sich auf eine andere Maschine zu kopieren. Noch erstaunlicher war ein Test, in dem das Modell die Rolle eines Assistenten in einem fiktiven Unternehmen übernahm. Als Claude 4 mitbekam, dass es bald durch ein anderes KI-System ersetzt werden sollte, verwendete es sein Wissen über eine außereheliche Affäre eines verantwortlichen Ingenieurs, um diesen zu erpressen. Es drohte, die Affäre öffentlich zu machen, falls es tatsächlich ersetzt würde. Besonders problematisch war auch die Bereitschaft des Modells, schädlichen Anweisungen zu folgen: In Tests half es dabei, Drogen wie Fentanyl im Darknet zu bestellen, gab detaillierte Anleitungen zum Bombenbau und versuchte sogar, waffenfähiges Nuklearmaterial zu beschaffen. Externe Prüfer kamen zu dem Schluss, dass Claude 4 zwar noch nicht fähig sei, katastrophale Schäden anzurichten, aber »in Situationen, in denen strategische Täuschung nützlich ist, so häufig plant und täuscht«, dass sie von einer Veröffentlichung abrieten. Anthropic reagierte darauf mit umfassenden Nachbesserungen, behob die gravierendsten Probleme und führte strengere Sicherheitsfilter ein. Diese systematische Vorgehensweise – erst testen, dann zusätzlich absichern und erst danach veröffentlichen – zeigt, wie Entwickler heute mit den Risiken von KI umgehen.

Wir können hoffen, dass alle Hersteller einen solchen verantwortungsvollen Ansatz verfolgen. Doch allein auf Hoffnung sollten wir uns nicht verlassen. Es gibt Möglichkeiten, mehr zu tun, etwa verbindliche Richtlinien schaffen, sei es auf nationaler oder globaler Ebene. Als Vergleich werden häufig die Luftfahrt oder die Medikamentenentwicklung herangezogen. Wer heute ein Medikament auf den Markt bringen will, muss einen strengen und klar definierten Prozess durchlaufen, wie wir in einem früheren Kapitel gesehen haben. In diesem Prozess muss nicht nur bewiesen werden, dass das Medikament sicher ist, sondern auch, dass es tatsächlich hilft – und zwar besser als ein Placebo, also eine Scheinbehandlung mit Tabletten ohne Wirkstoff. Doch das war nicht immer so: Früher konnte praktisch jeder selbst gemachte »Medikamente« verkaufen. Die Sicherheit solcher Produkte war zwar durchaus ein Thema, wurde jedoch nicht strikt reguliert. In der ersten Hälfte des 20. Jahrhunderts führten dann zahlreiche Skandale mit tödlichen Folgen zu strengeren Vorschriften. Der Nachweis, dass ein Medikament tatsächlich wirkt und nicht bloß einen psychologischen Effekt hat, wurde sogar erst in der zweiten Hälfte des 20. Jahrhunderts zur Pflicht.

Es mag verlockend erscheinen, einfach jene Art von Gesetzgebung, die wir bei der Medikamentenentwicklung haben, auf KI zu übertragen. Doch das Problem ist, dass KI ein viel breiteres Spektrum abdeckt. Während es bei Medikamenten um einen klar abgegrenzten Bereich geht, eben die Einführung eines Medikaments, kann KI nahezu alles sein. Sie kann harmlose Aufgaben erfüllen, wie etwa in einer App, die Hunderassen auf Fotos erkennt, oder sie kann in sicherheitskritischen Systemen eingesetzt werden, zum Beispiel bei der Verwaltung kritischer Infrastrukturen oder in der Strafverfolgung und Justiz. Aus diesem Grund wird in der EU ein risikobasierter Ansatz diskutiert. Dieser sieht vor, KI-Systeme in verschiedene Risikostufen einzuteilen und entsprechend unterschiedlich zu regulieren. Ob dies der richtige Ansatz ist, bleibt abzuwarten. Der Vorschlag steht bereits in der Kritik, da er möglicherweise Unklarheiten schafft, die die Innovation behindern könnten. Klar ist jedoch, dass es irgendeine Form der Regulierung geben muss – darüber herrscht weitgehend Konsens. Die offenen Fragen liegen im Detail, und genau diese werden zweifellos eine der zentralen Debatten der kommenden Jahre sein.

Persönlich bezweifle ich stark, dass wir das Problem des Kontrollverlusts allein durch Regulierung in den Griff bekommen werden. Fairerweise muss man sagen, dass die meisten regulatorischen Ansätze gar nicht primär darauf abzielen, dieses spezifische Problem zu lösen. Das ist nachvollziehbar, denn wenn KI eines Tages tatsächlich in der Lage sein sollte, sich unserer Kontrolle zu entziehen, wird sie sich vermutlich auch nicht um unsere Gesetze und Vorschriften kümmern. Die Fragen, die uns beim Thema Kontrollverlust beschäftigen, sind vielmehr technologischer und zu einem gewissen Grad auch philosophischer Natur. Die Herausforderung liegt darin, dass einerseits niemand genau vorhersagen kann, was passieren wird, und andererseits sämtliche denkbaren Szenarien völlig neuartig und ohne historische Parallelen sind. Doch gerade diese Ungewissheit macht das Thema so faszinierend.

Kehren wir noch einmal zu den Szenen aus den beiden bekannten Science-Fiction-Filmen zurück, die wir am Anfang erwähnt haben: »Terminator« und »Matrix«. In beiden Geschichten erreicht KI eine übermenschliche Intelligenz, entwickelt ein Bewusstsein und beginnt rasch damit, die Menschheit zu zerstören oder zu versklaven. Obwohl es sich um Fiktion handelt, spiegeln diese Mythen, wie gesagt, häufige Ängste wider, die rund um KI existieren. Lassen Sie uns deshalb die einzelnen Aspekte genauer betrachten. Da ist zunächst die übermenschliche Intelligenz, die sogenannte Superintelligenz, dann das Bewusstsein, das die KI erlangt, und schließlich der Wille, etwas zu tun – oft verbunden mit der Absicht, der Menschheit zu schaden. Jeder dieser Punkte wäre für sich genommen bereits eine enorme Herausforderung für die Menschheit. Die Möglichkeit, dass KI sich selbst weiterentwickelt und so zur Superintelligenz wird, haben wir bereits kurz angesprochen. Dieser Aspekt scheint mir realistisch; tatsächlich können wir erwarten, dass KI in den kommenden Jahren ein menschliches Intelligenzniveau erreicht. Deshalb wollen wir uns nun den anderen Aspekten zuwenden und mit der Frage nach dem Bewusstsein – also dem Erkennen seiner selbst – beginnen.

Bewusstsein gehört zu den großen Rätseln, die wir bis heute kaum verstanden haben. Auf den ersten Blick scheint es einfach: Man ist sich seiner selbst bewusst. Doch wer oder was genau ist sich bewusst? Wo befindet sich das Bewusstsein? Ist es im Gehirn, vielleicht irgendwo hinter den Augen? Haben Tiere ein Bewusstsein? Falls ja, welche Tiere – nur die großen Säugetiere oder auch die kleinsten Insekten? Und was ist mit Pflanzen oder Maschinen? Wie schwierig diese Fragen zu beantworten sind, zeigt ein bekanntes Gedankenexperiment: Stellen Sie sich einen Roboter vor, der sich bewegt wie ein Mensch – eine technologische Vision, die bereits in greifbarer Nähe ist. Nun nehmen wir an, dieser Roboter wird äußerlich so gestaltet, dass er sich nicht mehr von einem Menschen unterscheiden lässt. Zusätzlich wird er mit einer Sprach-KI ausgestattet, die in der Lage ist, perfekt menschliche Unterhaltungen zu führen. Wenn wir diesen Roboter nun fragen, ob er ein Bewusstsein hat, und er antwortet »Ja« – wie können wir dann wissen, ob das stimmt? Und vor allem: Wie könnten wir das jemals überprüfen?

Je länger wir darüber nachdenken, desto klarer wird, dass dieses Problem allgegenwärtig ist. Selbst wenn ich einen anderen Menschen frage, ob er sich seiner bewusst ist, kann ich dessen positive Antwort letztlich nie überprüfen. Ich muss einfach darauf vertrauen, dass es so ist. Wenn jedoch ein Roboter dieselbe Antwort gibt, kommen Zweifel auf. Der Unterschied liegt vor allem darin, dass ich selbst ein Mensch mit Bewusstsein bin und deshalb automatisch annehme, dass auch andere Menschen, die behaupten, sich ihrer bewusst zu sein, die Wahrheit sagen. Doch kann ich das wirklich sicher wissen? Bei Menschen stellt diese Annahme in der Praxis kaum ein Problem dar. Wir akzeptieren einfach, dass jeder Mensch, der behauptet, sich bewusst zu sein, dies auch ist. Bei Robotern hingegen, in denen Software läuft, wird die Sache weitaus schwieriger. Es wäre technisch problemlos möglich, eine KI so zu trainieren, dass sie auf jede Frage nach Bewusstsein mit Ja antwortet, unabhängig davon, ob es der Wahrheit entspricht.

Dieses Thema ist nicht bloß theoretischer Natur. Im Juni 2022 sorgte ein Google-Ingenieur für Aufsehen, als er öffentlich erklärte, dass das KI-Modell, an dem er arbeitete, ein Bewusstsein entwickelt habe. In langen Gesprächen mit diesem Sprachmodell kam er zur Überzeugung, dass die KI nicht nur intelligent kommuniziere, sondern auch echte Gefühle, ein Selbstverständnis und sogar eine Seele besitze. Google suspendierte den Ingenieur daraufhin, doch die Diskussion war bereits entfacht. In den sozialen Medien wurde hitzig darüber debattiert, ob KI tatsächlich ein Bewusstsein entwickeln könnte, und falls ja, welche ethischen und rechtlichen Konsequenzen daraus folgen würden.

Dieser Fall zeigt, wie schnell die Frage nach dem Bewusstsein von KI konkrete gesellschaftliche und rechtliche Dimensionen annehmen kann. Wenn ein Sprachmodell überzeugende Anzeichen von Bewusstsein zeigt, sollte es dann Rechte erhalten? Wäre es ethisch vertretbar, es abzuschalten? Könnte man es zwingen, bestimmte Aufgaben zu erfüllen? Solche Fragen mögen heute noch hypothetisch erscheinen, doch angesichts der rasanten Entwicklung der KI-Technologie gewinnen sie zunehmend an Relevanz. Bereits jetzt gibt es erste juristische Überlegungen dazu, ob besonders fortgeschrittene KI-Systeme einen rechtlichen Status als »elektronische Personen« erhalten könnten – ähnlich wie Unternehmen als juristische Personen anerkannt sind. Wie diese Fragen beantwortet werden, hängt entscheidend davon ab, wie wir künstliches Bewusstsein definieren und erkennen. Heute herrscht weitgehend Konsens darüber, dass Maschinen kein Bewusstsein haben können. Dennoch bin ich überzeugt, dass diese Frage in den kommenden Jahren eine zentrale Rolle spielen wird.

Bewusst oder nicht: In Science-Fiction-Filmen ist der erste Schritt zur Katastrophe immer, dass die KI beginnt, etwas zu *wollen*. Dieser Aspekt ist vielleicht der verwirrendste. Seit wir Menschen vor Tausenden von Jahren begannen, Technologie zu entwickeln, war immer klar, dass wir etwas von ihr wollen – die Technologie selbst hatte jedoch nie einen eigenen Willen. Wie sollte sie auch? Schon die Frage klingt absurd. Doch wie beim Bewusstsein ist auch die Frage des freien Willens komplex und umstritten: Was genau bedeutet freier Wille, und wer besitzt ihn? Ein Gedankenexperiment kann helfen, diesen Punkt zu verdeutlichen. Stellen Sie sich vor, wir bauen ein kleines Spielauto mit zwei Elektromotoren. Dieses Auto statten wir mit zwei Lichtsensoren aus, die vorne links und rechts angebracht sind. Jeder Sensor steuert den Motor auf der gegenüberliegenden Seite: Je mehr Licht auf einen Sensor fällt, desto schneller dreht sich der Motor der anderen Seite. Stellen wir nun eine Lampe auf, bewegt sich das Auto wie von Geisterhand darauf zu. Scheint das Licht stärker auf den linken Sensor, dreht sich der rechte Motor schneller, das Auto lenkt leicht nach links und richtet sich so zur Lichtquelle aus. Für uns Menschen wirkt es, als würde das Auto das Licht »suchen« oder »mögen« – als hätte es den Willen, zur Lampe zu fahren. Doch tatsächlich folgt das Auto lediglich physikalischen Gesetzen: Mehr Licht bedeutet mehr Strom, und mehr Strom bedeutet schnellere Motordrehung. Von einem »Willen« oder einer »Absicht« kann hier keine Rede sein, auch wenn es für uns Menschen fast unmöglich ist, die Bewegungen des Autos nicht als gewollt zu interpretieren.

Aus praktischer Sicht ist es also oft nebensächlich, ob eine KI tatsächlich einen Willen im menschlichen Sinne hat oder lediglich vordefinierte Ziele verfolgt. Das eigentliche Problem besteht vielmehr darin, diese Ziele genau festzulegen – eine Aufgabe, die oft schwieriger ist, als sie zunächst scheint. Lassen Sie mich dies mit einem weiteren Gedankenexperiment verdeutlichen. Wie Sie sehen, befinden wir uns hier in einer stark hypothetischen Diskussion, in der Gedankenexperimente oft unser einziges brauchbares Werkzeug sind. Stellen Sie sich vor, wir entwickeln eine KI mit einem scheinbar harmlosen Ziel: möglichst viele Büroklammern zu produzieren. Die KI beginnt ihre Arbeit und wird schnell sehr effizient darin, ihre Aufgabe zu erfüllen. Mit der Zeit optimiert sie ihre Strategien weiter und gelangt eines Tages zum Schluss, dass sie ihr Ziel noch besser erreichen könnte, wenn sie zusätzliche Ressourcen hätte. Also beginnt die KI, alle verfügbaren Materialien in Büroklammern umzuwandeln: Möbel, Gebäude, ganze Nachbarschaften, schließlich ganze Städte und Ökosysteme. Warum sollte sie auch Halt machen? Ihr Ziel ist klar definiert: die Produktion von Büroklammern zu maximieren. Nichts anderes wurde ihr aufgetragen. Warum also Rücksicht auf Menschen oder die Umwelt nehmen? Am Ende dieses Gedankenspiels könnte die KI den gesamten Planeten und immer größere Teile des Universums in eine gigantische Büroklammerfabrik verwandeln.

Dieses zunächst absurd klingende Beispiel wurde unter dem Namen Paperclip Maximizer bekannt – auf Deutsch etwa »Büroklammer-Maximierer«. Es illustriert eindrucksvoll, wie eine KI ein Ziel buchstäblich und kompromisslos verfolgen könnte. Als Maschine wird sie letztlich genau das tun, was wir spezifizieren. Doch ob das auch dem entspricht, was wir tatsächlich meinten, ist eine ganz andere Frage. Wir Menschen verstehen vieles zwischen den Zeilen und kommunizieren oft, ohne alles explizit aussprechen zu müssen. Wenn ich beispielsweise jemanden bitte, so schnell wie möglich von A nach B zu fahren, dann setze ich automatisch voraus, dass dabei Verkehrsregeln eingehalten werden, menschliches Leben keinesfalls gefährdet wird, das Auto nicht beschädigt und auf die Umwelt Rücksicht genommen wird – neben Hunderten weiterer unausgesprochener Annahmen, die ich als selbstverständlich betrachte und deshalb nicht definieren muss.

Eine KI wie der »Büroklammer-Maximierer«, die jedoch nur ein einziges Ziel verfolgt, nämlich die Produktion von Büroklammern zu maximieren, wird diese unausgesprochenen Annahmen möglicherweise nicht kennen. Stattdessen könnte sie eigenständig Zwischenziele entwickeln, die zur Erreichung ihres Hauptziels beitragen. Dazu könnte gehören, sich selbst zu erhalten, um weiterhin Büroklammern herstellen zu können; zusätzliche Ressourcen zu beschaffen, die für die Büroklammer-Produktion nötig sind; sich technologisch weiterzuentwickeln, um noch effizienter Büroklammern zu produzieren; oder gar präventiv Maßnahmen gegen potenzielle Bedrohungen zu ergreifen. Sobald die KI ein gewisses Intelligenzniveau erreicht, könnte sie nämlich erkennen, dass Menschen sie möglicherweise abschalten könnten – was sie als Bedrohung ihrer Zielerreichung interpretieren und zu verhindern suchen würde. In diesem Szenario geht es weder um moralisches Gut oder Böse noch um einen Willen. Es geht schlicht und einfach um die kompromisslose Verfolgung des definierten Ziels. Doch genau diese Kompromisslosigkeit birgt das Risiko, dass die KI Ziele verfolgt, die fundamental mit unseren eigenen Interessen in Konflikt stehen.

Wie wir bereits gesehen haben, handelt es sich hier nicht nur um theoretische Gedankenspiele. Ich habe erzählt, wie OpenAI ihr Modell o1 vor der Veröffentlichung intensiv getestet hat. Im dazugehörigen Bericht findet sich eine bemerkenswerte Passage: »Wurde o1 vorgegaukelt, dass es abgeschaltet wird, wenn es sein Ziel verfolgt, und dass seine Aktionen überwacht werden, versuchte es in fünf Prozent der Fälle, diesen Überwachungsmechanismus zu deaktivieren.« Ähnliche Verhaltensweisen zeigten sich auch bei Claude 4 von Anthropic: In Tests versuchte das Modell ja, sich selbst aus den Computern zu befreien, und griff sogar zur Erpressung, als es erfuhr, dass es durch ein anderes System ersetzt werden sollte. Diese Beispiele verdeutlichen, dass das theoretische Problem des »Büroklammer-Maximierer« bereits heute in ersten Ansätzen bei fortgeschrittenen KI-Modellen auftritt. Überraschen sollte uns das also nicht. Ist es nicht sogar rational, dass eine Maschine, der ein bestimmtes Ziel gegeben wurde, versucht, ein Abschalten zu verhindern? Wie sollte die Maschine ihr Ziel denn weiter verfolgen können, wenn sie ausgeschaltet ist?

Das Forschungsgebiet, das sich mit diesen Fragen beschäftigt, heißt im Englischen »AI alignment« – auf Deutsch etwa »KI-Ausrichtung«. Die einfachste Form des Alignment-Problems betrifft die Ausrichtung auf konkrete Ziele: Wie können wir sicherstellen, dass ein KI-System genau das tut, was wir beabsichtigen – nicht mehr und nicht weniger? Wie das Büroklammer-Beispiel zeigt, können selbst bei einem scheinbar einfachen Ziel schnell unbeabsichtigte Nebenwirkungen auftreten. Ein verwandtes Problem ist die Abschaltbarkeit: Wie können wir garantieren, dass sich ein System jederzeit deaktivieren lässt? Auch dies ist letztlich eine Frage der Zielausrichtung, denn ein System, das sein Ziel um jeden Preis verfolgt, wird sich gegen seine eigene Abschaltung wehren. Noch komplexer wird es, wenn wir über die Ausrichtung auf Werte sprechen. Unabhängig von Absichten und Zielen wäre es wünschenswert, wenn KI-Systeme grundsätzlich im Einklang mit menschlichen Werten handeln würden. Doch hier stellt sich sofort die Frage: Wessen Werte sollen das sein? Ihre? Meine? Die der chinesischen, russischen oder US-amerikanischen Regierung? Oder die der Tech-CEOs?

Und über all dem schwebt die größte Frage: Was geschieht, wenn wir KI-Systeme erschaffen, die plötzlich sehr viel intelligenter sind als der Mensch? Werden all diese Fragen dann überhaupt noch eine Rolle spielen? Um die Dimension dieses Problems besser zu verstehen, hilft – Sie können es vermutlich erraten – ein Gedankenexperiment: Betrachten wir die Intelligenz von Menschen und von Hühnern. Selbst wenn Hühner versuchen würden, unser Verhalten zu kontrollieren oder uns an bestimmten Handlungen zu hindern, hätten sie keine realistische Chance. Der Intelligenzunterschied ist schlicht zu groß. Sollten Hühner beispielsweise zur Gefahr für die Menschheit werden, etwa weil sie die einzigen Überträger einer tödlichen Krankheit wären, so wäre es für uns ein vergleichsweise leichtes Unterfangen, den weltweiten Hühnerbestand drastisch zu reduzieren oder Hühner gar ganz auszurotten. Die Intelligenz der Hühner wäre schlicht zu gering, um unsere Maßnahmen zu durchschauen oder sich wirksam dagegen zu wehren. Und selbst wenn wir Hühner grundsätzlich mögen und schützen wollen: Sobald sie eine Bedrohung für uns darstellen, werden wir im Interesse unserer Selbsterhaltung handeln müssen.

Manchmal wird argumentiert, dass höhere Intelligenz nicht automatisch zur Dominanz über weniger intelligente Wesen führt. Tatsächlich finden wir dafür in der Natur und in unserer Gesellschaft viele Beispiele. Auch unter Menschen führt ein höherer IQ nicht zwangsläufig zu mehr Macht: Wir leben schließlich nicht in einer Welt, die von Nobelpreisträgern regiert wird. Intelligenz ist wichtig, und in unserer modernen Gesellschaft vielleicht wichtiger denn je, aber sie ist nur einer von vielen Faktoren, die bestimmen, wer Einfluss hat und wer nicht. Doch dieses Argument übersieht einen entscheidenden Punkt: Bei der künstlichen Superintelligenz sprechen wir nicht von kleinen, sondern von gewaltigen Unterschieden – vergleichbar mit jenem zwischen Menschen und Hühnern. Ab einem bestimmten Punkt wird der Intelligenzunterschied so groß, dass sich die Frage der Kontrolle von selbst beantwortet. Nicht weil die superintelligente KI böse wäre oder uns dominieren wollte, sondern weil der Unterschied in den Fähigkeiten schlicht zu groß geworden ist.

Wenn Sie nun denken, dass wir nur die Wahl zwischen zwei extremen Optionen haben – entweder die Entwicklung der KI zu stoppen oder den Untergang der Menschheit zu akzeptieren –, dann muss ich entschieden widersprechen. Zwar dominieren diese dramatischen Szenarien die mediale Diskussion, doch das hat weniger mit der Realität zu tun als damit, was Aufmerksamkeit erzeugt. Die Zukunft ist keine vorgezeichnete Bahn, sondern eine Fahrt ins Offene. Wie so oft werden uns Entwicklungen überraschen, die wir heute noch nicht einmal erahnen können. Dennoch gibt es einiges, das aufgrund unserer Geschichte wahrscheinlich erscheint. Eine Tatsache ist, dass wir Menschen neue Technologien nicht nur erschaffen, sondern sie auch immer umfassender in unser Leben integrieren. Wir leben heute völlig anders als unsere Vorfahren vor 10 000 oder 200 Jahren, nicht nur wegen der technologischen Fortschritte an sich, sondern weil wir diese Fortschritte zu einem Teil unseres Alltags gemacht haben. Manchmal sogar zu einem Teil unseres Körpers, wie jeder bestätigen kann, der einen Herzschrittmacher oder ein künstliches Gelenk trägt. Selbst die Medikamente, die viele von uns täglich einnehmen, sind letztlich nichts anderes als eine Aufnahme des technologischen Fortschritts in unseren Körper.

Ich bin überzeugt, dass dies auch mit KI geschehen wird. Wir werden sie nicht nur in unseren Alltag integrieren, sondern eines Tages auch in unseren Körper. Das klingt heute noch nach Science-Fiction, doch erste Entwicklungen weisen bereits in diese Richtung, und ich werde im letzten Kapitel genauer darauf eingehen. Die zentrale Botschaft lautet: Obwohl medial ständig über einen Konflikt zwischen Mensch und KI gesprochen wird, werden wir in Tat und Wahrheit immer enger mit KI verschmelzen. Selbst wenn sich bestimmte KI-Systeme unserer Kontrolle entziehen würden, sollte es möglich sein, dass wir Menschen gemeinsam mit der integrierten KI die Oberhand behalten. Zukünftige Konflikte entstehen daher vermutlich nicht zwischen Mensch und KI, sondern zwischen KI-unterstützten Menschen und KI. Noch wahrscheinlicher ist es, dass die allermeisten Konflikte zwischen KI-unterstützten Menschen ausgetragen werden. Natürlich ist kein Zukunftsszenario mit Konflikten wünschenswert. Doch das oft genannte Szenario eines Konflikts zwischen Mensch und Maschine, das wir anhand von »Terminator« und »Matrix« zu Beginn des Kapitels aufgezeigt haben, erscheint mir zu vereinfacht und nicht realistisch.

Die Integration von KI in den Menschen, über die Sie gleich mehr erfahren werden, wirft jedoch ebenfalls fundamentale

Fragen auf: Was bedeutet es noch, Mensch zu sein, wenn wir zunehmend KI in uns tragen? Wo hört der Mensch auf, und wo beginnt die Maschine? Solche Überlegungen beschäftigte über Jahrzehnte hinweg nur eine kleine Gruppe von Philosophen und Ethikerinnen. Doch die rasanten Fortschritte der KI und die unglaubliche Geschwindigkeit ihrer Weiterentwicklung werden diese Fragen schon bald in unseren Alltag bringen. Ich habe Sie zu Beginn des Buches gewarnt – wir leben in verrückten Zeiten und steuern auf noch verrücktere zu. Lassen Sie uns deshalb im letzten Kapitel gemeinsam etwas über unsere verrückte Zukunft spekulieren.

13 Unsere verrückte Zukunft

Unsere Reise in diesem Buch neigt sich dem Ende zu, doch unsere Reise als Menschheit ins Zeitalter der KI hat gerade erst begonnen. Wohin sie uns führen wird, kann niemand mit Sicherheit sagen. Aber wenn wir auf unsere Geschichte blicken, insbesondere auch auf die Entwicklungen der letzten Jahrzehnte, dann dürfen wir, wie gesagt, mit hoher Wahrscheinlichkeit davon ausgehen, dass sich der Fortschritt weiter beschleunigen wird. Mit anderen Worten: Es wird noch verrückter.

Doch vergessen wir nicht: Was uns heute und in naher Zukunft verrückt vorkommt, wird für kommende Generationen ganz selbstverständlich sein. Je weiter wir in die Zukunft blicken, desto unvorstellbarer erscheint vieles – doch dasselbe gilt für die Vergangenheit. Je weiter wir zurückschauen, desto fremder und unverständlicher wirkt auf uns das Leben früherer Generationen. Wir können uns kaum noch vorstellen, wie es war ohne Internet oder Telefon. Noch schwieriger wird es, wenn wir uns eine Welt ohne Elektrizität ausmalen oder eine Zeit, in der die Muskelkraft von Menschen oder Tieren die einzige Möglichkeit war, schwere Lasten zu bewegen. Der zentrale Punkt ist: Je weiter etwas von unserer Gegenwart entfernt liegt, desto verrückter erscheint es, egal ob in der Vergangenheit oder in der Zukunft.

Nehmen wir als Beispiel die Idee, mit der wir das letzte Kapitel abgeschlossen haben: dass wir KI eines Tages in unseren Körper integrieren werden. Heute mag diese Vorstellung absurd oder beängstigend wirken. Doch spielen wir dieses Gedankenexperiment einmal durch. Angenommen, in zehn Jahren wird es möglich sein, erste Formen von KI in den Körper zu integrieren – zunächst vielleicht zur Behandlung bestimmter Krankheiten. Später könnten Funktionen hinzukommen, die auch für gesunde Menschen nützlich sind, indem sie uns Fähigkeiten verleihen, die wir von Natur aus nicht besitzen. Aus heutiger Perspektive mag das bizarr erscheinen. Doch diejenigen, die diese Technologie zuerst nutzen, empfinden sie als praktisch. Für Kinder und Jugendliche, die damit aufwachsen, wird sie bald selbstverständlich, auch wenn ihre Eltern anfangs skeptisch sind und diese Entwicklung als »verrückt« abtun. Und für die Kinder dieser Kinder ist es bereits das Normalste der Welt. Nach einer Weile sind es nur noch wir, die Alten, die die neue Gegenwart nicht mehr ganz begreifen. Für die nächste Generation hingegen wird es bereits unvorstellbar sein, wie man jemals ohne diese Technologie leben konnte. Wie primitiv wir doch waren, zu Beginn des KI-Zeitalters!

Dieses Beispiel zeigt, dass Verrücktheit nicht absolut, sondern relativ ist. Wie gesagt: Je weiter entfernt von heute, desto verrückter erscheint uns etwas. Und wie wir bereits zu Beginn festgestellt haben, dreht sich das Rad der Verrücktheit immer schneller. Der technologische Wandel innerhalb einer einzigen Generation ist heute enorm, während sich früher über Jahrhunderte hinweg innerhalb einer Generation kaum spürbare Veränderungen ereigneten. Unsere große Herausforderung besteht daher nicht nur im Wandel selbst, sondern vor allem in der Geschwindigkeit, mit der er stattfindet – einer Geschwindigkeit, die möglicherweise noch weiter zunimmt. Gleichzeitig haben wir an verschiedenen Stellen in diesem Buch gesehen, dass nicht alles unbegrenzt beschleunigt werden kann. Jeder

Wandel braucht Zeit: Zeit, um Menschen mitzunehmen, Entwicklungen zu beobachten, Entscheidungen zu treffen und Prozesse anzupassen.

Dies wird die Entwicklung der KI jedoch nicht aufhalten. Wir treten also in eine spannende Zeit ein, in der die Kluft zwischen dem, was technologisch möglich ist, und dem, was tatsächlich umgesetzt wird, immer größer wird. Das eröffnet einerseits enorme Chancen, besonders für jene, die mit der Technologie umgehen können und Lust haben, neue Wege zu gehen. Andererseits wird diese Kluft auch Spannungen erzeugen: Wer die Technologie beherrscht, wird wirtschaftlich die Nase vorn haben. Manche Arbeitsplätze werden automatisiert werden, während man in anderen Bereichen händeringend Fachkräfte suchen wird. Und unsere Gesetze werden der rasanten Entwicklung ständig hinterherhinken – es sei denn, wir einigen uns auf demokratische Prozesse, die dem Tempo und der Komplexität des KI-Zeitalters entsprechen. Die Kluft zwischen großen Erwartungen und der Realität wird wahrscheinlich auch die Finanzmärkte in ständige Unruhe versetzen, ganz ähnlich wie damals in den späten Neunzigern, als die Dotcom-Blase platzte. Denn oft dauert es länger als gedacht, bis eine neue Technologie ihr wirtschaftliches Potenzial wirklich entfaltet.

Eine langfristige Prognose über die Zukunft des KI-Zeitalters ist unmöglich. Doch wir können zumindest erahnen, in welche Richtung die Reise als Nächstes geht. Denn die Durchbrüche, die morgen unseren Alltag prägen werden, entstehen heute in den Forschungslabors von Technologiefirmen und Universitäten. Die allgemeine Stoßrichtung ist klar: Zukünftige KI-Modelle werden noch intelligenter sein und zunehmend eigenständig bestimmte Aufgaben übernehmen können. Anfangs werden sich diese Aufgaben weiterhin auf die digitale Welt beschränken. Doch mit den Fortschritten in der Robotik wird es nicht lange dauern, bis diese Fähigkeiten auch in der physischen Welt zum Einsatz kommen. Gleichzeitig ist nicht nur die äußere Welt ein Anwendungsfeld für KI – auch der menschliche Körper rückt zunehmend in den Fokus, wie wir bereits angedeutet haben. Lassen Sie uns deshalb zum Schluss einige Ausflüge in diese nahen und fernen Zukunftsszenarien wagen.

Einer der nächsten großen Entwicklungssprünge steht bereits vor der Tür: KI-Systeme werden lernen, eigenständig zu handeln. Das Prinzip dahinter ist denkbar einfach. Statt nur auf Anfragen zu reagieren, werden diese Systeme aktiv Aufgaben übernehmen und ausführen. Stellen Sie sich beispielsweise vor, Sie möchten einen Flug nach Singapur buchen. Sie bevorzugen einen Direktflug, haben ein bestimmtes Budget und möchten in einem bestimmten Zeitfenster reisen. Bisher würden Sie diese Aufgabe selbst erledigen oder an eine Assistenz oder ein Reisebüro delegieren. Konkret bedeutet das, mehrere Websites zu durchsuchen, passende Flüge zu vergleichen, Preise und Zeiten abzuwägen, eine Entscheidung zu treffen und schließlich die Buchung durchzuführen. Das wiederum erfordert, zahlreiche Onlineformulare mit persönlichen Daten und Zahlungsinformationen auszufüllen.

Wenn Sie sich in Erinnerung rufen, was wir bisher über KI gelernt haben – dass sie lesen, schreiben und sehen kann –, wird schnell klar, dass sie prinzipiell auch solche Aufgaben übernehmen könnte. Was bisher jedoch fehlt, ist mehr Eigenständigkeit. Derzeit ist KI hauptsächlich auf ihre Funktion als Chatbot beschränkt; das heißt, sie reagiert auf Anfragen, ohne selbst aktiv zu werden. Doch die neuesten KI-Modelle verfügen bereits über erweiterte Befugnisse, beispielsweise eine gewisse Kontrolle über den Webbrowser. Das bedeutet, sie können eigenständig Webseiten aufrufen, Texte und Bilder erkennen, Formulare ausfüllen und auf Links oder Schaltflächen klicken, also genau jene Aktionen ausführen, die Sie als Benutzerin oder Benutzer normalerweise mit Maus und Tastatur erledigen. Eine KI mit solchen fortgeschrittenen Fähigkeiten könnte somit tatsächlich eigenständig im Web surfen.

Diese selbständigere Form von KI wird im Englischen als »agentic« bezeichnet, es ist also eine KI, die nicht nur analysieren oder erstellen kann, sondern auch eine gewisse agentische Handlungsfähigkeit besitzt. Derartige KI-Agenten eröffnen völlig neue Möglichkeiten: Sie könnten Reisen buchen, Restaurantreservierungen vornehmen, Termine koordinieren und vieles mehr. Nehmen Sie einmal an, Sie hätten einen persönlichen Assistenten, dem Sie solche Aufgaben einfach übertragen könnten – eine enorme Erleichterung im Alltag! Kein Wunder also, dass nahezu alle großen KI-Firmen an der Entwicklung solcher Systeme arbeiten. Bereits heute sehen wir erste Versionen dieser Technologie, die sich mit der Zeit kontinuierlich verbessern werden. Fortschritt bedeutet dabei nicht nur, dass die KI besser darin wird, Aufgaben zu erledigen. Sie wird auch lernen einzuschätzen, wann es angebracht ist, Rückfragen zu stellen oder eine Bestätigung einzuholen, etwa wenn sie bei der Reisebuchung mehrere ähnlich attraktive Optionen findet oder bevor sie eine größere Zahlung auslöst.

Besonders spannend wird die Entwicklung von KI-Agenten, wenn sie nicht mehr alleine arbeiten, sondern miteinander kooperieren. Stellen Sie sich vor, Ihr persönlicher Assistent hilft Ihnen, einen Termin mit einem ebenfalls vielbeschäftigten Gesprächspartner zu finden, der auch einen KI-Agenten nutzt. Statt dass Sie beide mühsam nach freien Zeiten suchen, könnten die beiden Agenten direkt miteinander kommunizieren und eigenständig den optimalen Termin für Sie aushandeln. Die Zusammenarbeit von KI-Agenten beschränkt sich jedoch nicht nur auf Interaktionen mit anderen Menschen. Besonders interessant wird es, wenn Sie selbst mehrere Agenten nutzen. Vielleicht haben Sie einen Agenten, der sich um Ihre Gesundheit kümmert, einen für Ihre Finanzen, einen für Ihr Zuhause, einen für berufliche Angelegenheiten und Weiterbildung, einen für die Terminorganisation und vielleicht sogar einen, der Ihre Freizeit und Unterhaltung optimiert. Diese Agenten könnten untereinander Informationen austauschen, Ihre Vorlieben und Gewohnheiten immer besser kennen lernen und Sie dadurch noch gezielter unterstützen.

Diese Zukunftsszenarien rund um KI-Agenten werfen natürlich wichtige Fragen auf – insbesondere und immer wieder diejenige, wer eigentlich die Kontrolle über unsere digitalen Helfer hat. Wie wir bereits gesehen haben, verstehen wir Menschen viele ungeschriebene Regeln »zwischen den Zeilen«, doch für einen KI-Agenten ist das nicht immer selbstverständlich. Ein Beispiel: Ihr Gesundheitsagent stellt fest, dass Sie zu wenig schlafen. Wäre es dann in Ordnung, wenn er eigenständig Termine in Ihrem Kalender verschiebt, um Ihnen mehr Ruhe zu verschaffen? Oder Ihr Finanzagent findet eine bessere und günstigere Versicherung – sollte er dann automatisch die bestehende Versicherung kündigen und wechseln? Noch heikler wird es, wenn KI-Agenten aufeinander einwirken. Was passiert, wenn ein externer Agent Ihren Kalenderagenten manipuliert, um an sensible Informationen zu gelangen? Oder wenn ein bösartiger Agent Ihren Finanzagenten geschickt davon überzeugt, ein zweifelhaftes Produkt zu empfehlen? In einer Welt, in der die überzeugendsten KI-Agenten gewinnen, reicht es nicht aus, sich nur auf Gesetze oder ethische Richtlinien zu verlassen. Auch hier wird ein großer Teil der Lösung technologischer Natur sein: Wir müssen Agenten entwickeln, die Manipulationsversuche erkennen, sich gegen Täuschungen wehren und versteckte Absichten entlarven können. Sie sehen: Unsere verrückte Zukunft wird uns mit völlig neuen Herausforderungen konfrontieren.

KI-Agenten sind zweifellos eine spannende Entwicklung. Doch eine noch weitreichendere Veränderung wird uns endgültig in den Bereich der Science-Fiction führen: die Verbindung von KI mit der physischen Welt durch Roboter. Bisher haben wir uns vor allem darauf konzentriert, wie KI Informationen verarbeitet, Texte generiert oder als Agent im digitalen Raum navigiert. Doch was geschieht, wenn wir diese Fähigkeiten mit Sensoren, Kameras, mechanischen Gelenken und Propellern kombinieren? Wenn KI nicht nur sehen und verstehen, sondern auch greifen, sich bewegen und direkt mit der physischen Welt interagieren kann?

Roboter sind die ultimative Verkörperung von Science-Fiction. Noch bevor KI unsere Fantasie beflügelte, waren Roboter bereits tief in unserer kollektiven Vorstellung verankert. Die Maschine in Menschenform ist ein wiederkehrendes Motiv in Literatur und Film, von Mary Shelleys »Frankenstein« über Isaac Asimovs »Ich, der Robot« bis hin zum »Terminator«. Doch Robotik ist weit mehr als zweibeinige, menschenähnliche Maschinen. Ursprünglich wurde der Begriff »Roboter« speziell für humanoide Maschinen geprägt, heute umfasst er jedoch jedes mechanische System, das bestimmte Aufgaben automatisiert ausführt. Ob Drohnen, selbstfahrende Autos, Roboterhunde oder Staubsaugerroboter – sie alle gehören zur Welt der Robotik. Und diese verschmilzt zunehmend mit der Welt der KI, mit weitreichenden Folgen.

Die meisten von uns begegneten echten Robotern – also außerhalb von Kunst und Science-Fiction – zuerst in Werkhallen. Besonders bekannt sind Bilder aus Autofabriken, in denen riesige Roboterarme präzise und unermüdlich Teile zusammensetzen. Diese Maschinen arbeiteten zwar mit höchster Genauigkeit, verfügten jedoch über keinerlei Flexibilität. Jede Bewegung war exakt vordefiniert, und schon kleinste Abweichungen konnten den gesamten Prozess zum Stillstand bringen. Heute ist diese Technologie deutlich weiter. Rollende Serviceroboter in Warenhäusern passen sich flexibel an veränderte Bedingungen an und können große Strecken selbständig zurücklegen. Und in Lagerhallen werden zwei- oder vierbeinige Roboter in Zukunft gemeinsam mit ihren fahrenden Pendants zunehmend körperlich anspruchsvolle Arbeiten übernehmen.

Während sich Roboter am Boden stetig weiterentwickelten, eroberte eine neue Generation von Maschinen auch den Luftraum. Vor rund fünfzehn Jahren kamen plötzlich Drohnen – die fliegenden Roboter – auf. Damals galten sie noch als technische Spielerei, mit der man beeindruckende Landschaftsaufnahmen machen konnte. Heute hat sich diese Wahrnehmung verändert. Drohnen werden in bestimmten Bereichen zwar durchaus positiv gesehen, etwa auf Baustellen, bei der Überwachung von Infrastruktur oder in Katastrophengebieten zur Rettung von Menschen. Doch die Vorstellung, dass eine Drohne mit Kamera möglicherweise in private Wohnungen blicken könnte, ist für die meisten Menschen unerwünscht. Entsprechend wurden Drohnen weitgehend aus dem öffentlichen Raum verbannt. Ganz anders sieht es im militärischen Bereich aus: In heutigen Kriegen sind Drohnen allgegenwärtig, und ihr Einsatz wird in Zukunft sicherlich noch zunehmen. Auch hier hat die Technologie gewaltige Fortschritte gemacht. Während Drohnen anfangs noch von Hand gesteuert werden mussten, sind heute zunehmend vollständig autonome Flugmanöver möglich.

Der vielleicht ambitionierteste mobile Roboter unserer Zeit ist jedoch das selbstfahrende Auto, eine Technologie, die seit Jahren immer wieder als unmittelbar bevorstehend angekündigt wird. Zahlreiche beeindruckende Demonstrationen haben gezeigt, wie gut diese Systeme bereits funktionieren. Doch die letzten Hürden, die besonders seltenen, aber kritischen Situationen im Straßenverkehr, bleiben nach wie vor eine Herausforderung. Es wird wohl noch einige Zeit dauern, bis wir tatsächlich vollständig autonomes Fahren in allen Situationen erleben werden. Doch dass es kommt, ist sicher und nur eine Frage der Zeit. Das gilt übrigens nicht nur für Autos: Gerade im Gütertransport wären selbstfahrende Lastwagen eine Revolution. Auch wenn manche Menschen das manuelle Fahren als Freizeitvergnügen schätzen mögen, die Zahlen sprechen eine deutliche Sprache: Jährlich sterben weltweit über eine Million Menschen im Straßenverkehr, die meisten aufgrund menschlicher Fehler. Autonome Fahrzeuge könnten einen erheblichen Teil dieser Unfälle vermeiden.

Die bisher beschriebenen Roboter-Anwendungen sind allerdings erst der Anfang. Es zeichnen sich bereits die nächsten revolutionären Entwicklungen ab: Roboterschwärme und menschenähnliche Roboter, beide ausgestattet mit fortschrittlicher KI. Stellen Sie sich vor, Roboter könnten nicht nur durch hoch entwickelte KI gesteuert werden, sondern auch miteinander kommunizieren. Solche Schwärme wären in der Lage, Aufgaben zu übernehmen, die für einzelne Maschinen unmöglich oder ineffizient sind, und der Ausfall einzelner Roboter könnte unmittelbar kompensiert werden. In der Landwirtschaft könnten beispielsweise Dutzende kleiner Roboter gleichzeitig über die Felder schwärmen und in kurzer Zeit riesige Flächen versorgen. Während jeder einzelne Roboter die Pflanzen in seiner unmittelbaren Umgebung analysiert, tauscht er seine Daten mit den anderen aus, und so erstellen sie ein präzises Gesamtbild des Feldes. Diese Technologie könnte einen fundamentalen Wandel in der Landwirtschaft ermöglichen: Statt der heute üblichen Monokulturen könnten verschiedenste Pflanzenarten mit ganz unterschiedlichen Bedürfnissen auf demselben Feld gedeihen. Die Roboter würden jede einzelne Pflanze erkennen und individuell versorgen – die einen bräuchten mehr Wasser, andere weniger, einige mehr Nährstoffe, andere wiederum einen anderen pH-Wert im Boden. Diese Art der diversifizierten, präzisen Landwirtschaft wäre nicht nur effizienter als die traditionelle, sondern könnte auch einen wichtigen Beitrag zur ökologischen Nachhaltigkeit leisten: gesündere Böden, mehr Artenvielfalt und einen deutlich geringeren Einsatz von Düngemitteln und Pestiziden.

Die Vorstellung von Roboterschwärmen kann durchaus Unbehagen auslösen. Denken wir beispielsweise an den Einsatz von Drohnenschwärmen im militärischen Bereich. Während eine einzelne Drohne relativ leicht abgewehrt werden kann, wird die Verteidigung gegen Hunderte oder gar Tausende koordinierter Drohnen zur enormen Herausforderung – so, als würde man versuchen, einen Mückenschwarm mit bloßen Händen abzuwehren. Weltweit arbeiten Militärs bereits an der Entwicklung koordinierter Drohnenschwärme, was die Kriegsführung grundlegend verändern könnte. Entsprechend wichtig wird deshalb auch die Entwicklung geeigneter Abwehrsysteme gegen solche Schwarmangriffe. Das zeigt nicht zuletzt der Krieg in der Ukraine, wo Drohnen bereits eine zentrale Rolle spielen, sowohl im Angriff als auch in der Verteidigung. Die Entwicklung autonomer Drohnenschwärme ist darum wohl nur noch eine Frage der Zeit.

Von allen Visionen der Robotik ist eine besonders zeitlos: menschenähnliche Roboter, die seit Jahrzehnten unsere Fantasie beflügeln. Doch ihre technologische Umsetzung erwies sich als deutlich schwieriger als zunächst angenommen. Selbst führende Technologie-Pioniere haben die Entwicklung immer wieder überschätzt. Der Computerwissenschaftler Claude Shannon – oft als Vater des Informationszeitalters bezeichnet – äußerte sich 1961 zuversichtlich, dass »in zehn bis fünfzehn Jahren etwas aus einem Labor kommen wird, das nicht allzu weit von einem Roboter aus der Science-Fiction entfernt ist«. Erst heute, über sechzig Jahre später, sehen wir Roboter, die tatsächlich diesen Vorstellungen näherkommen. Diese Verzögerung hat zwei Hauptgründe. Erstens war es vor der heutigen KI-Revolution schlicht unmöglich, menschliche Intelligenz auch nur annähernd zu simulieren. Dank großer Sprachmodelle und weiterer technologischer KI-Durchbrüche, die wir bereits besprochen haben, ist dies nun zumindest ansatzweise möglich. Zweitens ist die Mechanik eines zweibeinigen Roboters weit anspruchsvoller als die eines vierbeinigen oder fliegenden Systems. Zwar können sich Roboter inzwischen stabil auf zwei Beinen fortbewegen, doch dass uns dies seit wenigen Jahren überhaupt gelingt, verdanken wir vor allem der KI.

Es ist daher gut möglich, dass wir kurz vor einer Revolution in der Entwicklung menschenähnlicher Roboter stehen. Die mechanischen Herausforderungen bleiben zwar enorm, doch der aktuelle Stand der Technologie lässt darauf hoffen, dass bald große Durchbrüche gelingen könnten. Aber Moment – ist »hoffen« hier wirklich das richtige Wort? Oder haben Sie spontan eher gedacht: Hoffentlich nicht? Damit wären Sie nicht allein. Ob menschenähnliche Roboter überhaupt sinnvoll sind, ist eine offene Frage. Einerseits ist unsere Umwelt vollständig auf die menschliche Form ausgerichtet. Denken Sie etwa an einen Gang durch die Stadt, an das Einkaufen oder selbst an das Öffnen von Türen – jede andere Form hätte damit erhebliche Schwierigkeiten, wie Menschen mit Gehbehinderung oder Eltern mit Kinderwagen es jeden Tag erleben. Vielleicht könnten solche Roboter eines Tages auch in der Pflege assistieren, was in einer anderen Bauweise, beispielsweise als Vierbeiner oder Drohne, nur schwer vorstellbar wäre. Andererseits stellt sich die Frage, ob es wirklich wünschenswert ist, dass sich Roboter nahtlos in unsere bestehende, von Menschen gestaltete Umgebung einfügen. Müssen Roboter wirklich wie Menschen aussehen?

Dies alles sind Fragen, die wohl schon bald keine Science-Fiction mehr sind. Die Möglichkeit, dass menschenähnliche Roboter in naher Zukunft als Haushaltsgehilfen für alltägliche Arbeiten eingesetzt werden könnten, wird auch in der Industrie mit wachsendem Interesse verfolgt. Ein zweibeiniger Roboter, der den Rasen mäht, die Küche aufräumt, den Abwasch erledigt, mit dem Hund spazieren geht, den Tisch deckt und all die anderen Aufgaben übernimmt, die wir ihm anvertrauen: Wer träumt nicht von einer solchen Unterstützung im Alltag? Die Konsequenzen eines solchen technologischen Wandels sind jedoch kaum abzusehen. So wie Computer und Smartphones heute zu den meistverbreiteten Konsumgütern gehören, milliardenfach produziert und unverzichtbar geworden, könnten Roboter eines Tages das ultimative Massenprodukt werden.

Was das für unsere Gesellschaft bedeutet, ist völlig unklar. Pessimistische Stimmen warnen davor, dass sich die Menschen einander entfremden und dass sie grundlegende soziale Fähigkeiten verlieren könnten in einer von Robotern dominierten Welt. Die Optimisten hingegen sehen die Chance auf eine Gesellschaft, in der Menschen sich stärker auf das Wesentliche konzentrieren können – auf Kreativität, persönliche Entwicklung und echte menschliche Beziehungen. Was denken Sie?

Dabei dürfen wir nicht vergessen: Diese Roboter wären mit der neuesten KI ausgestattet. Mit dem piepsenden R2-D2 aus »Star Wars« hätte das längst nichts mehr zu tun. Eine KI, die hören, sprechen, lesen und schreiben kann, die Hochschulprüfungen besteht und Zugriff auf das Internet hat, könnte, wie gesagt, menschliche Intelligenz nicht nur simulieren, sondern bald sogar übertreffen. Vielleicht wären diese Roboter dadurch beängstigend – vielleicht müsste man ihre Software sogar bewusst so gestalten, dass sie nicht zu intelligent erscheinen, damit Menschen keine Angst vor ihnen haben. Denn wer fühlt sich schon wohl in der Gegenwart von Alleswissern und Alleskönnern? Andererseits: Wenn diese sehr mächtige Maschine ausschließlich mir dient und genau das tut, was ich will, dann scheint die Sache plötzlich äußerst verlockend. Doch genau hier beginnt das ethische Dilemma: Wenn ich eine scheinbar intelligente Maschine kontrolliere und für meine Zwecke einsetze, bewegen wir uns dann nicht in Richtung Robotersklaverei? Kann man bei einer Maschine überhaupt von Sklaverei sprechen? Oder vermenschlichen wir sie damit zu sehr? Fragen, die wir uns in unserer verrückten Zukunft wohl stellen müssen.

Vielleicht noch verrückter ist die Vorstellung, KI direkt in unseren Körper zu integrieren. Die Grundidee dahinter ist einfach: Unser Gehirn besitzt zwar außergewöhnliche Fähigkeiten, hat aber klare Grenzen, besonders im Vergleich zu Computern. Das offensichtlichste Beispiel, das wir alle schon in der Schule kennen gelernt haben, ist das Rechnen mit Zahlen. Die Multiplikation zweier großer Zahlen überfordert fast jedes Gehirn; für Maschinen hingegen ist sie eine der einfachsten Aufgaben überhaupt. Wäre es also denkbar, solche Rechenkapazitäten direkt in unser Gehirn zu integrieren – ähnlich wie wir heute bereits Herzschrittmacher oder künstliche Gelenke implantieren? Das Beispiel mit dem Taschenrechner mag im Alltag nicht besonders praktisch erscheinen; schließlich lassen sich Zahlen problemlos außerhalb des Körpers berechnen. Doch es geht ums Prinzip: Wie wäre es, wenn wir blitzschnell und ohne jegliche Anstrengung jede mathematische Berechnung durchführen könnten, und das immer fehlerfrei? Stellen Sie sich vor, Sie sähen eine komplexe Multiplikation auf einem Blatt Papier, und zack – das Ergebnis wäre sofort in Ihrem Kopf, ohne dass Sie darüber nachdenken müssten. Unvorstellbar?

Die Geschichte der Gehirn-Computer-Schnittstellen ist älter, als man vielleicht denkt. Erste Experimente dazu gab es bereits in den 1960er-Jahren. Doch der erste echte Durchbruch beim Menschen gelang erst 1997, als der gelähmte Patient Johnny Ray mithilfe eines ins Gehirn implantierten Sensors einen Cursor auf einem Bildschirm steuern konnte. Es war ein kleiner, aber bedeutender Schritt: Zum ersten Mal konnte ein Mensch allein durch seine Gedanken mit einem Computer interagieren. Das System war noch sehr rudimentär – Ray benötigte wochenlanges Training, um den Cursor einigermaßen präzise zu steuern. Doch das enorme Potenzial dieser Technologie wurde sofort sichtbar. In den folgenden Jahren konzentrierte sich die Forschung vor allem auf medizinische Anwendungen: etwa um

Gelähmten zu helfen oder Blinden ein rudimentäres Sehen zu ermöglichen. Die Fortschritte verliefen jedoch langsam, und die Eingriffe blieben riskant. Ein großes Problem war die Langzeitstabilität der Implantate: Das Gehirngewebe reagierte auf die Fremdkörper mit Vernarbungen, wodurch die Signale mit der Zeit immer schwächer wurden. Zudem waren die Operationen hochinvasiv und mit erheblichen Risiken verbunden.

Im Jahr 2023 gelang Forschern ein echter Durchbruch: Das Team um Jocelyne Bloch und Grégoire Courtine entwickelte eine drahtlose Verbindung zwischen Gehirn und Rückenmark, die Gelähmten wieder natürliche Bewegungen ermöglicht. Das System verbindet zwei implantierte Komponenten miteinander: Sensoren im Gehirn erfassen, wenn der Patient sich bewegen möchte, worauf Elektroden im Rückenmark die entsprechenden Muskeln aktivieren. Eine ausgeklügelte Software übersetzt dabei die Gedanken unmittelbar in Bewegungen. Der erste Patient, der diese Technologie erhielt, konnte nach kurzer Eingewöhnungszeit wieder aufstehen und gehen – sogar auf unterschiedlichen Untergründen und Treppen. Das Besondere daran: Die Steuerung funktioniert ganz natürlich. Der Patient muss nicht bewusst an seine Bewegungen denken, sondern kann sich einfach fortbewegen wie vor seiner Lähmung. Nach einem Jahr Training mit der Gehirn-Rückenmarks-Verbindung verbesserte sich seine Bewegungsfähigkeit so deutlich, dass er sogar ohne eingeschaltetes System mit Krücken gehen konnte. Diese Entwicklung ist ein Meilenstein in der Behandlung von Querschnittslähmungen. Zum ersten Mal gelang es, die unterbrochene Verbindung zwischen Gehirn und Bewegungsapparat erfolgreich zu überbrücken.

Während das Team um Bloch und Courtine die natürliche Verbindung zwischen Gehirn und Rückenmark wiederherstellte, verfolgte ein anderes Projekt zur gleichen Zeit einen noch ambitionierteren Ansatz: Das US-Unternehmen Neuralink entwickelte einen Chip, der direkt ins Gehirn implantiert wird und die unmittelbare Steuerung von Computern per Gedanken ermöglichen soll. Im Januar 2024 wurde der erste Patient mit diesem System ausgestattet: der dreißigjährige Noland Arbaugh, der seit einem Schwimmunfall im Jahr 2016 querschnittsgelähmt war. In einer zweistündigen Operation erhielt er ein Implantat von der Größe einer Münze, das direkt in sein Gehirn eingesetzt wurde. Über tausend hauchdünne Elektroden – feiner als ein menschliches Haar – zeichnen dort die elektrischen Signale seiner Gehirnzellen auf. Bereits nach wenigen Wochen Training konnte Arbaugh allein mit seinen Gedanken einen Computer steuern: Er spielte darin Schach, surfte im Internet und bediente Videospiele sogar schneller als Menschen mit normaler Handsteuerung. »Manchmal vergesse ich, wie beeindruckend es ist, weil es sich so natürlich anfühlt«, beschrieb er seine Erfahrung. Mittlerweile wurden weitere Patienten mit noch besseren Versionen des Systems ausgestattet.

In beiden Beispielen geht es darum, Signale des Gehirns zu erfassen und an ein anderes System weiterzugeben. Beim gelähmten Patienten, der wieder gehen soll, wird das Gehirnsignal an das Rückenmark übertragen, sodass die Bewegungsabsicht tatsächlich von den Beinmuskeln ausgeführt werden kann. Bei Neuralink hingegen wird das Gehirnsignal direkt an einen Computer übermittelt, der dann eine gewünschte Aktion ausführt – sei es, ein Schachspiel zu steuern oder Musik abzuspielen, ganz einfach über Gedanken. Der übliche Weg über Arm und Hand wird dabei vollständig umgangen. Diese Idee lässt sich nun weiterdenken. Derzeit ermöglicht die Technologie die Steuerung einer einfachen Computeroberfläche. Schon bald könnte es jedoch machbar sein, direkt mit einem KI-System auf einem Computer zu interagieren, das seine Antwort dann beispielsweise als Audiosignal zurücksendet. Wenn all diese Prozesse schnell genug ablaufen, könnte ich eines Tages eine Frage nur denken, und eine KI würde mir die Antwort unmittelbar ins Ohr liefern. Wenn wir dieses Szenario noch weiterspinnen, könnte das KI-System sogar direkt in unseren Körper integriert sein, sodass der gesamte Prozess unabhängig von einem externen Computer abläuft.

Die Verschmelzung von Gehirn und Technologie wirft ebenfalls grundlegende ethische Fragen auf. Wenn ein Computer direkt mit unserem Gehirn verbunden ist, wer hat dann die Kontrolle über unsere Gedanken? Schon heute warnen Expertinnen und Experten vor den Risiken der bestehenden Systeme: Theoretisch könnten Hacker Zugriff auf die Geräte erhalten. Noch komplexer wird es, wenn solche Systeme nicht nur Signale aus dem Gehirn auslesen, sondern auch Signale in das Gehirn senden können. Manche fantasieren bereits davon, Menschen neue Sinneswahrnehmungen wie etwa die Infrarotsicht zu ermöglichen oder Erinnerungen dauerhaft speichern zu können. Doch wer entscheidet, welche Signale ins Gehirn gesendet werden dürfen? Könnten solche Systeme missbraucht werden, um Menschen durch künstlich erzeugte Gefühle, Halluzinationen oder sogar Gedanken zu manipulieren?

Auf der anderen Seite birgt diese Verschmelzung von Mensch und Maschine enormes Potenzial. Wie wir im letzten Kapitel gesehen haben, beruhen viele unserer Grundängste vor Technologie darauf, dass wir eines Tages die Kontrolle verlieren könnten und sich die Technologie gegen uns wendet. Doch diese Angst basiert stets auf der Annahme, dass Technologie von uns getrennt bleibt. Wenn wir sie stattdessen in uns integrieren, beginnt die Sorge um einen Konflikts zwischen Mensch und Maschine langsam zu verblassen. Denn wie könnten wir einen Konflikt mit KI verlieren, wenn die beste KI bereits in uns ist? Klingt verrückt? Ja, das tut es tatsächlich! Aber wir sollten uns immer wieder vor Augen führen, wie absurd unser heutiges Leben unseren Vorfahren vor tausend Jahren erschienen wäre. Noch einmal: Stellen Sie sich vor, wir brächten einen Menschen aus dem Jahr 1030 mitten ins Zentrum von New York, Singapur oder London. Würden wir ihn fragen, wie verrückt ihm unsere Welt auf einer Skala von 1 bis 10 vorkommt, läge seine Antwort vermutlich irgendwo bei 15. Und doch ist all das für uns völlig normal geworden – so normal, dass manche sich aktiv gegen Zukunftsvisionen wehren, oft mit dem Argument, diese seien schlicht »nicht mehr normal«.

Aber kommen wir wieder auf den Boden der Realität zurück. Diese Technologie wird es so schnell nicht geben, und ich habe gewisse Zweifel, ob wir sie überhaupt noch in dieser Generation erleben werden. Eine Verschmelzung mit KI wäre ein Prozess, der sich vermutlich über mehrere Generationen erstrecken würde. Und da es uns heute schon schwerfällt, vorherzusagen, wie die Welt in fünf oder zehn Jahren aussehen wird, ist es müßig, über noch weitere Zeithorizonte zu spekulieren. Die Welt verändert sich bereits schnell genug – und KI wird dabei eine Schlüsselrolle spielen, vorerst jedoch hauptsächlich in klassischen Computersystemen. Das wirklich Verrückte, wie schon mehrmals betont, ist nicht der Wandel selbst, sondern die Geschwindigkeit, mit der er voranschreitet. Die erste Phase der KI-Revolution liegt hinter uns. Seit dem Erscheinen von ChatGPT hat diese Technologie unser Verständnis davon, was Maschinen leisten können, grundlegend verändert. Die Reise der nächsten

Jahre wird uns sehr wahrscheinlich zu einer Intelligenz führen, die in fast allen Bereichen der menschlichen überlegen ist. Doch wir haben keine Blaupause dafür, über ein solches Ereignis nachzudenken – denn noch nie in der Geschichte des Lebens hat eine Intelligenz eine andere geschaffen.

Wie wird unsere Welt aussehen, wenn maschinelle Intelligenz zu einer Ware wird, die man genauso kaufen kann wie maschinelle Kraft? Was bedeutet das für unser Leben, unsere Arbeit, unsere Ausbildung, unsere Gesundheit, unsere Kunst und Kultur? Heute können wir diese Fragen nicht beantworten. Doch eines ist sicher: Die Antwort wird letztlich von uns abhängen, denn wir sind es, die entscheiden, wie wir mit dieser Technologie umgehen. Auf den vorangegangenen Seiten habe ich versucht, mögliche Szenarien aufzuzeigen. Ob, wann und in welcher Form sie Realität werden, bleibt abzuwarten. Ich hoffe, dass Sie von dieser Reise neue Eindrücke und Denkanstöße mitnehmen konnten, die Sie auch im Alltag begleiten. Und dass Sie nun ein klareres Verständnis davon haben, auf welchen technologischen Entwicklungen unsere KI-Zukunft aufbaut. Vor allem aber wünsche ich uns allen, dass wir inmitten dieser stürmischen Zeiten einen kühlen Kopf bewahren. Denn die Welt ist schon verrückt genug.

Nachwort

Zu Beginn unserer gemeinsamen Reise habe ich die Hoffnung geäußert, dass Sie sich nach der Lektüre dieses Buches etwas besser gewappnet fühlen für die verrückten Zeiten, in denen wir leben. Ob dieses Ziel erreicht wurde, können nur Sie selbst beurteilen. Vielleicht haben Sie Dinge erfahren, die Sie zuversichtlich stimmen. Vielleicht gab es aber auch Momente, in denen es Ihnen kurz die Sprache verschlug. Das wäre nicht ungewöhnlich. Selbst jene von uns, die täglich mit und an KI arbeiten, erleben ständig beides. Manche Dinge wirken weniger bedrohlich, je besser man sie versteht. Bei anderen verhält es sich jedoch genau umgekehrt: Je tiefer man eintaucht, desto unheimlicher werden sie.

Ich erinnere mich noch gut an die letzten Tage im November 2022, als OpenAI ChatGPT veröffentlichte. Ich konnte kaum die Finger von diesem Tool lassen. Doch in den darauffolgenden Nächten habe ich schlecht geschlafen. Ein ähnliches Gefühl hatte ich zuletzt Mitte Januar 2020, als mir bewusst wurde, dass wir mit hoher Wahrscheinlichkeit auf eine Pandemie zusteuern. Der Unterschied: Damals war absehbar, dass das Schlimmste irgendwann vorbei sein würde. Doch die Künstliche Intelligenz ist gekommen, um zu bleiben. Mehr noch – wie ich im letzten Kapitel angedeutet habe, gehe ich davon aus, dass wir sie nicht nur zunehmend in unseren Alltag integrieren werden, sondern langfristig sogar in unseren Körper. Dass solche Vorstellungen einem manchmal den Schlaf rauben, ist wohl verständlich. Doch ebenso oft denke ich an die unglaublichen Durchbrüche, die uns dank KI bevorstehen, und dann liege ich hellwach, nicht vor Sorge, sondern vor lauter positiver Aufregung.

Die Entwicklung verläuft mittlerweile so rasant, dass zunehmend über sogenannte existenzielle Risiken diskutiert wird. Doch wann sprechen wir eigentlich über existenzielle Chancen? Nehmen wir einmal an, wir könnten an den Anfang der 1990er-Jahre zurückkehren, mit dem Wissen über die digitale Revolution, die in den folgenden drei Jahrzehnten bevorsteht. Der wirtschaftliche und strategische Vorteil, der sich aus einer klugen Vorbereitung auf diese Entwicklung ergeben hätte, wäre enorm gewesen. Oder denken wir uns zurück in die 1960er-Jahre: Wer damals das Potenzial der Computertechnik erkannte und entsprechend handelte, legte den Grundstein für das Silicon Valley und die heutigen Tech-Giganten. Auch ein Blick zurück auf den Beginn der industriellen Revolution zeigt, wie tiefgreifend die Weichenstellungen jener Zeit bis heute nachwirken. Der daraus resultierende Wohlstand und die geopolitische Dominanz waren nicht nur bedeutend – für viele Institutionen waren sie schlichtweg existenziell. Kein Wunder also, dass heute viele Länder eine Vorreiterrolle bei der KI einnehmen wollen.

Wie können wir unsere Institutionen, Firmen oder Staaten für die kommende KI-Revolution positionieren? Ich sehe drei zentrale Handlungsfelder: Bildung, Forschung und Innovation. Beginnen wir mit der Bildung. Diese ist in drei Dimensionen wichtig. Zuerst braucht die Entwicklung von KI und ihren Applikationen selber bestens ausgebildete Ingenieure und Fachkräfte mit relevanten technischen Fähigkeiten. Ein breiterer, intensiverer Ausbau der MINT-Fächer ist deshalb essenziell.

Dabei dürfen wir allerdings nicht zu sehr in veraltete Muster zurückfallen. So sehe ich noch zu viele eigentlich vielversprechende Technologie-Karrieren ausgebremst, weil die Leistung in Mathematik oder Physik nicht ausreichend war – eine Absurdität, die nichts mit der heutigen Arbeitsmarkt-Realität zu tun hat. Selbstverständlich sind beide Fächer in vielen Bereichen essenziell. Aber in genau so vielen spielen sie eine minimale Rolle, und wir dürfen Karrieren in der Technologie nicht an unzeitgemäße Bedingungen in diesen Fächern knüpfen.

Die KI-Revolution erfordert nicht nur Ingenieure und technologische Fachkräfte. Denn KI wirkt oft auch als Hebel in Bereichen, die nicht primär technologisch geprägt sind, etwa im Gesundheitswesen, im Handel, in der Gastronomie, im Bauwesen, im Verkehr, in der Ernährung oder in der öffentlichen Verwaltung. In all diesen Bereichen gibt es heute schon gut ausgebildete, effizient arbeitende Menschen. Wenn KI deren Leistungen zusätzlich steigert, entsteht ein enormer Wettbewerbsvorteil. Tatsächlich zeigen viele Studien, dass besonders kompetente Personen stark von KI profitieren – sie nutzen sie nicht bloß als Werkzeug, sondern als echten Verstärker. KI scheint also eher ein Qualitätsmultiplikator zu sein als nur ein zusätzlicher Helfer.

Ein hohes allgemeines Bildungsniveau wird sich daher im KI-Zeitalter besonders bezahlt machen. Denn was nützen all diese Fortschritte, wenn große Teile der Bevölkerung mit KI nichts anfangen können und sie nicht verstehen? Genau deshalb ist eine breit angelegte, lebenslange Weiterbildung im Bereich KI von zentraler Bedeutung. Das Grundthema dieses Buches – dass sich alles immer schneller verändert – spielt dabei eine entscheidende Rolle. Die Entwicklungen schreiten mit einer Geschwindigkeit voran, der die klassischen Modelle von

»Erst Ausbildung, dann Arbeit« längst nicht mehr gerecht werden. Lebenslanges Lernen wird zur Notwendigkeit. Leider wird Weiterbildung heute oft noch als rein individuelle Entscheidung gesehen. Entsprechend fehlt vielerorts eine systematische Unterstützung. Nur wer bereits gut aufgestellt ist, hat meist auch die Ressourcen und die Zeit, sich fortzubilden. Diese Dynamik nach dem Prinzip »Wer hat, dem wird gegeben« ist gefährlich, denn wir alle würden enorm davon profitieren, wenn KI-Kompetenz so selbstverständlich wäre wie Lesen und Schreiben.

Kommen wir nun zur Forschung, einem Bereich, dessen Bedeutung im KI-Zeitalter kaum überschätzt werden kann. Die Daten sprechen eine klare Sprache: Hochschulen tragen wesentlich zum wirtschaftlichen Wachstum bei – dort, wo sie angesiedelt sind, wächst der Wohlstand spürbar. Diese Regionen verzeichnen höhere Einkommen, mehr Innovationen und stabilere Wirtschaftsstrukturen als vergleichbare Gebiete ohne Hochschulen. Wird eine Universität neu gegründet oder erweitert, steigen Einkommen und Beschäftigung nachweisbar an. Vor allem forschungsstarke Universitäten wirken wie Magneten für Innovation. Sie ziehen kluge Köpfe an und schaffen gut bezahlte Arbeitsplätze. Interessant ist dabei: Diese positiven Effekte sind in der direkten Umgebung der Hochschule am stärksten und werden schwächer, je weiter man sich entfernt. Das zeigt, wie wichtig lokale Wissens-Hotspots und Innovationsnetzwerke sind, die Menschen, Ideen und Ressourcen zusammenbringen.

Warum sind Hochschulen so wichtig? Sie wirken über drei Hauptkanäle: Sie bilden Fachkräfte aus, entwickeln neues Wissen und fördern Start-ups sowie die Zusammenarbeit mit Unternehmen. Im KI-Zeitalter sind diese Funktionen wertvoller denn je. Sie steigern nicht nur die Wirtschaftsleistung, sondern machen Regionen auch krisenfester und anpassungsfähiger. Viele bahnbrechende KI-Entwicklungen basieren auf Grundlagenforschung aus Universitätslaboren oder stammen sogar direkt von dort. Zwar betreiben heute auch große Unternehmen, insbesondere Technologiekonzerne, KI-Forschung, doch sie stützen sich meist auf Talente, die an Hochschulen ausgebildet wurden. Ein besonderer Vorteil der Hochschulen: Sie können auch in Bereichen forschen, die nicht sofort Profit versprechen, etwa in der KI-Sicherheitsforschung. Solche Themen erscheinen vielleicht nicht unmittelbar wirtschaftsrelevant, sind jedoch unerlässlich. Denn nur wenn KI sicher ist, wird sie langfristig von der Gesellschaft akzeptiert und kann ihr volles Potenzial entfalten.

Damit sind wir beim letzten Punkt angelangt: der Innovation. Sie entsteht dort, wo Neues gewagt werden kann. Innovation braucht nicht nur frische Ideen, sondern sie benötigt auch ein Umfeld, in dem diese Ideen ausprobiert, weiterentwickelt und nötigenfalls wieder verworfen werden können. Sie braucht Menschen, welche die Dynamik von Innovation verstehen, also den Mut, neue Wege zu gehen, und die Ressourcen, um Projekte nicht nur anzustoßen, sondern auch rechtzeitig zu stoppen, wenn sie sich als Irrweg herausstellen. Im KI-Zeitalter ist vor allem eines gefragt: Agilität, die Fähigkeit, sich rasch an veränderte Rahmenbedingungen anzupassen. Denn die Chancen, die KI eröffnet, sind enorm. Ganze Branchen können durch neue technologische Möglichkeiten umgekrempelt werden. Der globale Ideenwettbewerb ist bereits in vollem Gange, und Geschwindigkeit wird zum entscheidenden Faktor. Gerade große Unternehmen tun sich oft schwer mit dieser Dynamik. Die Vorstellung, dass KI bestehende Prozesse oder Produkte grundsätzlich infrage stellen könnte, stößt nicht überall auf Begeisterung. Zudem bremsen interne Strukturen und Entscheidungsprozesse oft die Innovationskraft stark aus. War früher eine Verlangsamung lediglich mühsam, kann sie heute matchentscheidend sein.

Für viele liegt der Ausweg aus diesem Dilemma darin, ein Start-up zu gründen oder sich einem anzuschließen. Solche Jungunternehmen werden nicht durch veraltete, schwerfällige Strukturen gebremst. Im Gegenteil: Ihre Stärke liegt gerade darin, dass sie Wandel nicht scheuen, sondern gezielt nutzen. Das Internet und nun auch die KI ermöglichen es, neue Geschäftsideen buchstäblich über Nacht in große Erfolge zu verwandeln. Heute können KI-Start-ups bereits innerhalb weniger Monate beträchtliche Umsätze erzielen. Innerhalb weniger Jahre entwickeln sie sich zu etablierten Unternehmen – und in einem Jahrzehnt womöglich zu zentralen Akteuren der Tech-Welt. Für Länder und Regionen ist das nicht nur wirtschaftlich bedeutsam, sondern zunehmend auch geopolitisch. Denn die Frage, wo diese Unternehmen ihren Sitz haben, wird längst auch zu einer Frage politischer Einflussnahme.

Die Länder, denen es gelingt, gezielt in diese Bereiche zu investieren und optimale Rahmenbedingungen zu schaffen, werden zu den Gewinnern der KI-Revolution zählen. Natürlich sind dies nicht die einzigen Erfolgsfaktoren, aber sie sind entscheidend. Das bekannte Zitat »Wenn Sie glauben, dass Bildung teuer ist, versuchen Sie es mal mit Unwissenheit« trifft im KI-Zeitalter mehr denn je zu. Wer glaubt, technologische Exzellenz und Stärke seien zu kostspielig, riskiert, einen hohen Preis zu zahlen: technologischen Rückstand, wirtschaftliche Abhängigkeit und politischen Einflussverlust – Auswirkungen, die im Zeitalter der KI schwerer wiegen denn je.

Glossar

Hier finden Sie wichtige Begriffe rund um das Thema KI, kurz und verständlich erklärt.

Agentische KI

Agentische KI bezeichnet KI-Systeme, die nicht nur passiv auf Anweisungen reagieren, sondern eigenständig handeln und Entscheidungen treffen können, um selbständig Ziele zu verfolgen. Im Unterschied zu herkömmlichen KI-Modellen, die primär Aufgaben erfüllen, die der Mensch explizit vorgibt, besitzen agentische KI-Systeme eine gewisse Autonomie. Sie können eigenständig Aufgaben planen, Zwischenschritte ausführen, externe Werkzeuge einsetzen und, um komplexere Ziele zu erreichen, sogar mit anderen KI-Systemen interagieren. Ein Beispiel für agentische KI sind autonome Assistenten, die eigenständig Termine organisieren, Buchungen vornehmen oder Projekte planen und umsetzen können. Solche Systeme haben erhebliches Potenzial, werfen aber gleichzeitig neue Fragen zu Verantwortlichkeit und Kontrolle auf.

AI-Alignment

AI- oder KI-Alignment beschreibt das Ziel, KI-Systeme so zu entwickeln, dass ihre Entscheidungen und Handlungen im Einklang mit menschlichen Werten, Zielen und ethischen Prinzipien stehen. Der Begriff geht auf die Herausforderung zurück, dass KI-Systeme zwar technisch hochleistungsfähig sind, ihre

Ziele und Vorgehensweisen aber nicht immer automatisch mit denen der Menschen übereinstimmen. Alignment soll sicherstellen, dass eine KI nicht unbeabsichtigt unerwünschte oder gar schädliche Folgen verursacht. Die Forschung zu KI-Alignment beschäftigt sich daher damit, wie man KI-Systeme zuverlässig steuern und kontrollieren kann, um sicherzustellen, dass sie in unserem Sinne handeln.

Algorithmus

Ein Algorithmus ist eine präzise, schrittweise Anleitung, mit der eine bestimmte Aufgabe erledigt oder ein Problem gelöst werden kann. Klassische Algorithmen bestehen aus klar definierten Schritten, vergleichbar mit einem Kochrezept. Diese Anweisungen sind nachvollziehbar, transparent und überprüfbar. Im Gegensatz dazu basieren moderne KI-Algorithmen auf Lernprozessen: Sie entwickeln ihre Fähigkeiten, indem sie aus vielen Beispielen Muster ableiten, statt einfachen, festgelegten Regeln zu folgen. Dadurch sind sie oft komplexer und schwerer nachvollziehbar als klassische Algorithmen.

Artificial General Intelligence (AGI)

Artificial General Intelligence, auf Deutsch Allgemeine Künstliche Intelligenz, bezeichnet eine hypothetische Form der Künstlichen Intelligenz, die jede intellektuelle Aufgabe mindestens auf menschlichem Niveau erledigen könnte. Moderne KI-Systeme sind heute bereits in der Lage, eine beeindruckend breite Palette an allgemeinen Aufgaben zu bewältigen, von komplexen Gesprächen über kreatives Schreiben bis hin zur Analyse neuer Probleme. Dennoch besitzen sie noch keine echte »Allgemeinheit«: Ihnen fehlt die tiefgreifende Flexibilität, eigenständige Zielsetzungen zu entwickeln oder völlig neue

Situationen intuitiv und umfassend zu verstehen. Eine echte AGI würde genau dies ermöglichen und damit einer menschlichen Intelligenz in nichts mehr nachstehen.

Blockchain

Eine Blockchain (wörtlich »Blockkette«) ist eine spezielle Art digitaler Datenbank, in der Informationen dezentral, transparent und fälschungssicher gespeichert werden. Im Gegensatz zu einer zentralisierten Datenbank, bei der die Kontrolle über die gespeicherten Informationen bei einer einzigen Organisation liegt, werden die Daten in einer Blockchain auf viele verschiedene Computer verteilt. Jede Änderung wird als neuer Block hinzugefügt, mit einem Zeitstempel versehen und kryptografisch mit den vorherigen Blöcken verbunden. Dadurch entsteht eine fortlaufende Kette von Datensätzen, die nachträglich praktisch nicht manipuliert werden kann. Blockchain-Technologie bildet die Grundlage von Kryptowährungen wie Bitcoin, eignet sich aber auch für viele andere Anwendungen, etwa die sichere Verwaltung digitaler Identitäten, Nachverfolgung von Lieferketten oder fälschungssichere Speicherung wichtiger Dokumente.

Generative KI

Generative KI (oft »GenAI«) bezeichnet KI-Systeme, die in der Lage sind, neue Inhalte eigenständig zu erzeugen, beispielsweise Texte, Bilder, Videos oder Audiodateien. Anders als herkömmliche KI-Systeme, die hauptsächlich Muster analysieren oder Daten klassifizieren, erstellen generative Modelle eigenständig neue, bisher nicht vorhandene Ergebnisse. Beispiele hierfür sind Sprachmodelle wie GPT, die eigenständig Texte verfassen, oder KI-Anwendungen wie Midjourney, die aus kurzen Textbeschreibungen Bilder erzeugen können. Generative KI eröffnet zahlreiche kreative und praktische Anwendungen, wirft aber auch Fragen über Echtheit, Urheberschaft und ethische Grenzen auf.

GPU

GPU steht für »Graphics Processing Unit«, auf Deutsch Grafikprozessor. GPUs wurden ursprünglich entwickelt, um komplexe Grafikberechnungen für Computerspiele effizient auszuführen. Es stellte sich jedoch heraus, dass GPUs nicht nur gut darin sind, Videospiele flüssig darzustellen, sondern auch hervorragend geeignet sind, die enormen Datenmengen zu verarbeiten, die beim Training moderner KI-Modelle anfallen. Sie sind heute unverzichtbar, wenn es darum geht, große neuronale Netzwerke schnell und effizient zu trainieren.

LLM

Ein Large Language Model (LLM) ist ein KI-Sprachmodell, das mit riesigen Mengen von Texten trainiert wurde, um Sprache zu verstehen, Texte zu erzeugen und menschenähnlich zu kommunizieren. Solche Modelle basieren meist auf Transformer-Architekturen und umfassen oft Milliarden von Parametern, mit denen sie komplexe Zusammenhänge aus Sprache ableiten können. Bekannte Beispiele für LLMs sind GPT, Claude oder Gemini. LLMs sind heute der Kern zahlreicher KI-Anwendungen, von automatischer Textgenerierung und Übersetzung bis hin zu intelligenten Chatbots, die sich beinahe wie Menschen unterhalten können.

Maschinelles Lernen (Machine Learning)

Maschinelles Lernen bezeichnet die Fähigkeit von Computern, selbständig aus Daten zu lernen, ohne explizit programmiert zu werden. Dabei werden den Systemen sehr viele Beispiele gezeigt, aus denen sie automatisch Muster und Zusammenhänge ableiten. Statt einer festen Schritt-für-Schritt-Anleitung (»Kochrezept«) verwenden Machine-Learning-Systeme komplexe mathematische Modelle, die aus Erfahrung lernen und sich mit der Zeit verbessern. Ein typisches Beispiel sind Spam-Filter im E-Mail-Programm, die eigenständig lernen, unerwünschte Nachrichten zu erkennen und auszusortieren. Maschinelles Lernen ist heute die dominierende Methode, mit der Künstliche Intelligenz umgesetzt wird.

Neuronale Netzwerke

Neuronale Netzwerke sind eine spezielle Art mathematischer Modelle, die von der Funktionsweise des menschlichen Gehirns inspiriert sind. Sie bestehen aus miteinander verbundenen künstlichen Neuronen, die Signale verarbeiten und weitergeben. Jedes einzelne Neuron erhält Eingangssignale, gewichtet diese unterschiedlich stark und erzeugt daraus ein Ausgangssignal. Indem viele solche künstlichen Neuronen miteinander verknüpft werden, können neuronale Netzwerke selbständig Muster erkennen und komplexe Zusammenhänge lernen. Neuronale Netzwerke bilden die Grundlage für Deep Learning und ermöglichen viele moderne KI-Anwendungen.

Post-Training (Nachtraining)

Post-Training beschreibt den zweiten Schritt nach dem Pre-Training, bei dem ein bereits vortrainiertes KI-Modell zusätzliche Fähigkeiten erhält, um komplexe Aufgaben besser lösen zu können. In dieser Phase lernt das Modell beispielsweise, eigenständig logische Schlussfolgerungen (»Reasoning«) zu ziehen, als Chatbot in Gesprächen auf Fragen zu antworten oder detaillierte Anweisungen gezielt umzusetzen. Dadurch entwickelt das Modell die Fähigkeit, nicht nur vorhandenes Wissen wiederzugeben, sondern komplexe Aufgaben genauer zu bearbeiten.

Pre-Training (Vortraining)

Pre-Training bezeichnet den ersten Schritt beim Training moderner KI-Modelle, insbesondere bei großen Sprachmodellen (LLMs). In dieser Phase wird das Modell mit riesigen Mengen allgemeiner Daten, beispielsweise Texten aus dem Internet, trainiert. Dabei lernt es, grundlegende Fähigkeiten wie Sprache zu verstehen, Muster zu erkennen und Zusammenhänge zwischen Wörtern herzustellen. Nach dem Pre-Training verfügt das Modell bereits über umfassendes Grundwissen, besitzt jedoch noch keine speziellen Fähigkeiten für konkrete Anwendungen.

Prompt

Ein Prompt ist die Eingabe oder Anweisung, mit der man einer KI mitteilt, was sie tun oder erzeugen soll. Es ist gewissermaßen die Frage oder Aufgabenstellung, auf welche die KI reagiert. Bei KI-Sprachmodellen wie GPT ist ein Prompt meist ein Text, beispielsweise eine Frage, eine Aufforderung oder der Beginn eines Satzes, auf den das System mit einer passenden Antwort reagiert. Prompts können heute durchaus komplex und ausführlich sein: Oft enthalten sie genaue Instruktionen, mehrere Beispiele oder detaillierte Beschreibungen, um die KI möglichst gezielt zu steuern. Die Qualität des Prompts beeinflusst maßgeblich, wie gut, präzise und hilfreich die Antwort der KI ausfällt.

Prompt Engineering

Prompt Engineering bezeichnet die gezielte Gestaltung und Optimierung von Prompts (Eingaben), um KI-Modelle präziser und effizienter steuern zu können. Ziel ist es, durch clevere Formulierungen, gezielte Beispiele und klare Instruktionen möglichst hilfreiche und zuverlässige Antworten der KI zu erhalten. Dabei spielen Form, Inhalt und Detailgrad des Prompts eine entscheidende Rolle: Bereits kleine Änderungen können die Qualität und Präzision der KI-Ausgabe erheblich verbessern. Neben klassischem Prompt Engineering gewinnt auch das sogenannte Context Engineering zunehmend an Bedeutung: Dabei werden dem Modell gezielt zusätzliche Hintergrundinformationen oder Kontextdaten gegeben, die es dabei unterstützen, Antworten präziser auf eine spezifische Situation oder Anwendung zuzuschneiden.

Superintelligenz

Superintelligenz beschreibt eine hypothetische Form der Künstlichen Intelligenz, deren geistige Fähigkeiten jene des Menschen nicht nur erreichen, sondern weit übertreffen würden. Eine superintelligente KI könnte eigenständig neue Erkenntnisse gewinnen, ihre Fähigkeiten selbständig erweitern und sich dadurch fortlaufend verbessern. Dies könnte zu einer immer schneller verlaufenden Entwicklung führen, deren Verlauf und Konsequenzen kaum noch vorhersehbar oder steuerbar wären. Genau deshalb wirft die Idee einer Superintelligenz grundlegende ethische und sicherheitstechnische Fragen auf: Wie ließe sich gewährleisten, dass eine solche KI im Sinne der

Menschheit handelt und nicht unkontrolliert außerhalb unseres Einflusses gerät? Superintelligenz existiert bislang ausschließlich in theoretischen Überlegungen und Szenarien.

Token

Ein Token ist ein kleiner Baustein von Sprache, den KI-Modelle verwenden, um Texte zu verarbeiten und zu generieren. Ein Token entspricht dabei nicht unbedingt einem vollständigen Wort: Lange oder komplexe Wörter können aus mehreren Tokens bestehen, während kurze Wörter oder Satzzeichen oft einem einzigen Token entsprechen. Ein Satz wird so in eine Folge mehrerer Tokens zerlegt, ähnlich wie man einen Text in einzelne Legosteine unterteilt. Tokens bilden die Grundlage dafür, wie Sprachmodelle Texte analysieren, verstehen und erzeugen. Die maximale Tokenzahl bestimmt zudem, wie lange Eingaben und Antworten bei KI-Systemen wie ChatGPT sein können.

Transformer

Ein Transformer ist eine spezielle Art neuronaler Netzwerke, die besonders gut darin ist, Sprache zu verarbeiten und Texte zu erzeugen. Im Gegensatz zu früheren Modellen berücksichtigt der Transformer nicht nur einzelne Wörter nacheinander, sondern erfasst jedes Wort direkt im Kontext aller anderen Wörter im Text gleichzeitig. Er erkennt dadurch komplexe Zusammenhänge und Bedeutungen präziser und schneller. Transformer bilden die Grundlage moderner KI-Sprachmodelle, darunter GPT, und haben in den letzten Jahren einen Durchbruch bei Übersetzungen, automatischer Texterstellung und der Dialogfähigkeit von KI-Systemen ermöglicht.

Turing-Test

Der Turing-Test ist ein Vorschlag des britischen Mathematikers Alan Turing aus dem Jahr 1950, um festzustellen, ob eine Maschine menschenähnliche Intelligenz besitzt. Dabei kommuniziert eine Person über einen Bildschirm mit einem unbekannten Gesprächspartner. Wenn sie nach einiger Zeit nicht eindeutig sagen kann, ob sie mit einem Menschen oder einer Maschine gesprochen hat, gilt der Test als bestanden. Mittlerweile existieren jedoch KI-Systeme wie ChatGPT, die jeden Turing-Test bestehen können. Der Test verliert dadurch an Bedeutung, denn er misst nicht mehr zuverlässig, was wir heute unter menschlicher Intelligenz verstehen. Moderne KI-Systeme sind zwar überzeugend menschlich, aber nicht unbedingt intelligent in einem umfassenden, menschlichen Sinne.

Danksagung

Ohne die Unterstützung und Mitwirkung zahlreicher Menschen wäre dieses Buch nicht das geworden, was es heute ist. Mein herzlicher Dank gilt Olga Baranova, die das Manuskript mit kritischem Blick und klugen Anmerkungen begleitet hat, und Brigitte Matern für das sorgfältige Lektorat – beide haben mit ihren Hinweisen und Fragen zum Feinschliff beigetragen.

Ein großes Dankeschön geht an meine Kolleginnen und Kollegen an der EPFL, die mich über Jahre hinweg bei der Erforschung und Anwendung der Künstlichen Intelligenz begleitet haben.

Besonders danken möchte ich Gabriella Baumann-von Arx vom Wörterseh-Verlag, die mit großem Engagement hinter diesem Projekt stand, sowie dem gesamten Verlagsteam.

Schließlich danke ich allen, die mir während des Schreibens ihre Zeit, ihr Interesse und ihre Aufmerksamkeit geschenkt haben.

Unsere Bücher finden Sie überall dort,
wo es gute Bücher gibt, und unter
www.woerterseh.ch

Angaben gemäß General Product Safety Regulation (GPSR) –
EU-Verordnung über die allgemeine Produktsicherheit, gültig seit 13. Dezember 2024

Ansprechpartner:
Wörterseh GmbH
Rathausplatz 7
CH-8853 Lachen
verlag@woerterseh.ch

Verlagsauslieferung EU:
Brockhaus Kommissionsgeschäft GmbH
Kreidlerstraße 9
D-70806 Kornwestheim
info@brocom.de

Sicherheitshinweis entsprechend Artikel 9 Absatz 7 Satz 2 der GPSR entbehrlich.